像物理学家一样思考

[英]希尼·索玛拉/著 [波]露娜·瓦伦丁/绘 罗会仟/译

浙江教育出版社·杭州

图书在版编目(CIP)数据

像物理学家一样思考 / (英) 希尼·索玛拉著 ；
(波) 露娜·瓦伦丁绘 ； 罗会仟译. -- 杭州 ： 浙江教育
出版社, 2024.5 (2024.10重印)
（科创少年来了）
ISBN 978-7-5722-7752-8

Ⅰ. ①像… Ⅱ. ①希… ②露… ③罗… Ⅲ. ①物理学
—少儿读物 Ⅳ. ①04-49

中国国家版本馆CIP数据核字(2024)第097105号

浙江省版权局著作权合同登记号：图字11—2024—092号

Everyday STEM Science - Physics
First published 2022 by Macmillan Children's Books an imprint of
Pan Macmillan

目录

4 什么是物理学？
6 运动
8 力
10 功、能和热
12 飞机中的物理
13 汽车中的物理
14 游乐场中的物理
16 光与暗物质
18 光学
20 电磁学
22 磁铁
24 实验物理学
26 理论物理学
28 波的世界
30 声音
32 地球物理学
34 冰箱是如何工作的？
36 极小
38 极大
40 机器人学
41 鲸之声

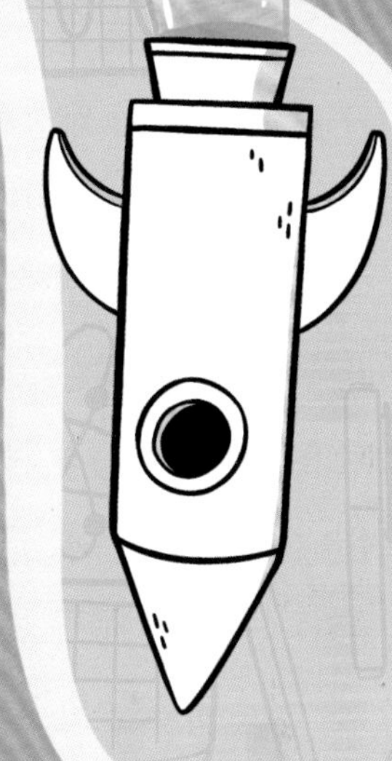

动动手吧！

42 瓶中旋涡
43 压扁易拉罐
44 轨道弹珠游戏

46 术语表
48 作者和绘者

什么是物理学？

从浩瀚的星系到微小的沙粒，宇宙中的一切都由物质组成。你、我和我们共同呼吸的空气，包括这本书，都由物质组成。

物理学就是一门研究物质的科学：它们由什么组成？从哪里来，到哪里去？有什么具体行为？不同物质之间如何相互作用？

物理学家试图理解并解释组成我们这个世界的所有事物，比如光、声、能量、运动和时间。物理学对其他领域的科学家也有帮助。比如，土木工程师设计和建造建筑，生物医学工程师开发新的药物和治疗方案，地质学家预测地震和火山爆发，都用得上物理学知识。

经典力学

研究物体的运动和力（如拉力、推力）及其作用。

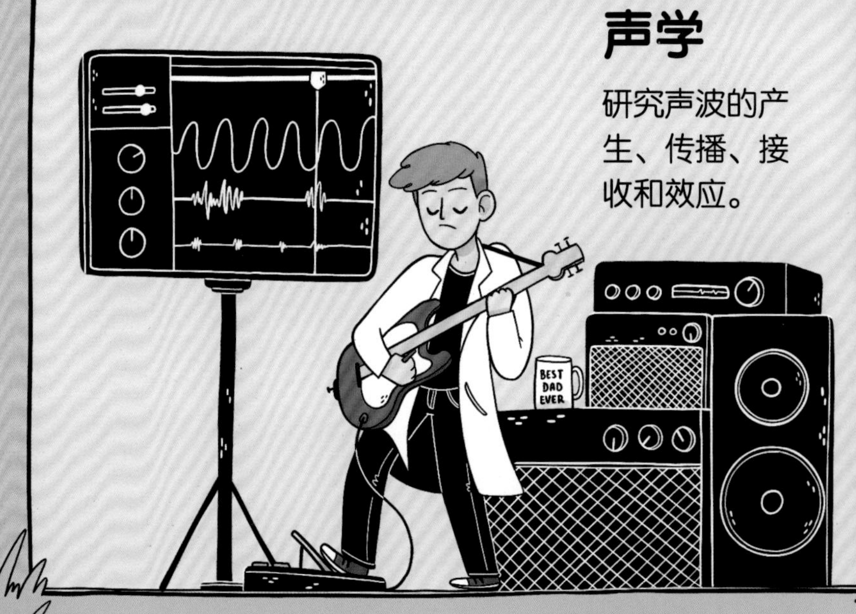

声学

研究声波的产生、传播、接收和效应。

物理学史

古人早就已经开始思考白天和黑夜是怎样形成的，如何设计出最好用的鱼叉，如何生火做饭……只不过他们不知道这些思考都属于物理学范畴。

古希腊天文学家虽然推测出地球是圆的，但是错误地认为太阳在绕地球运转。

16 世纪末，意大利科学家伽利略证明了从同一位置释放的不同物体，无论质量如何，在忽略空气阻力的条件下，下落的速度都一样。

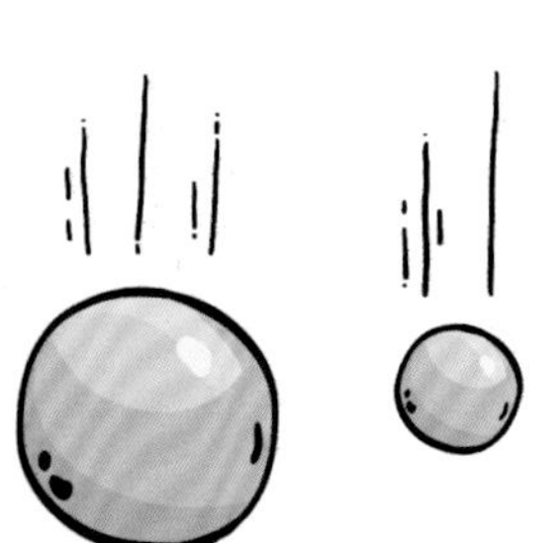

17 世纪后期，英国科学家艾萨克·牛顿在观察到苹果落地的现象后指出：任何物体之间都存在相互吸引的力。

光学

研究光、光的运动规律，以及光和其他物质的相互作用。

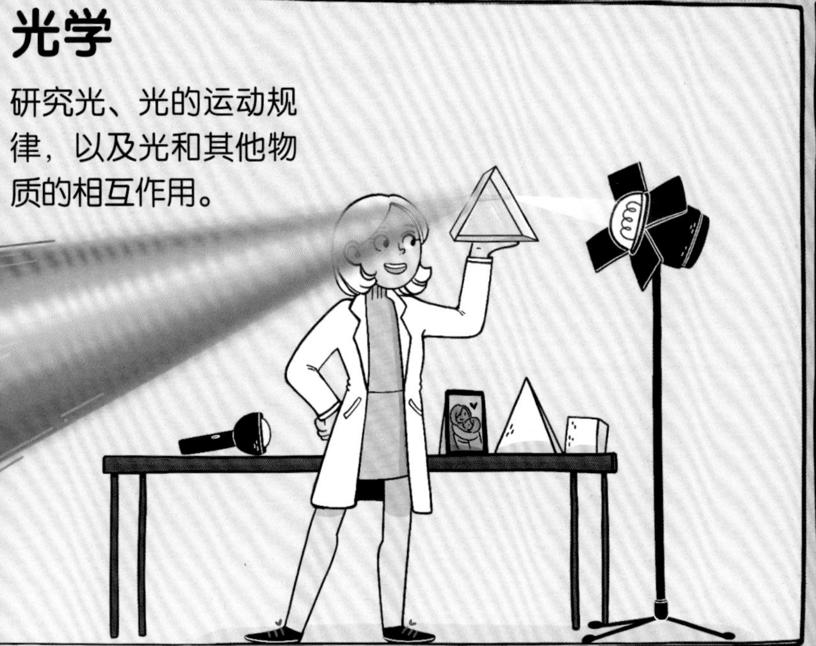

电磁学

研究电和磁“合作”所产生的现象，及其规律和应用。

热力学

研究热和其他形式的能量之间的联系。

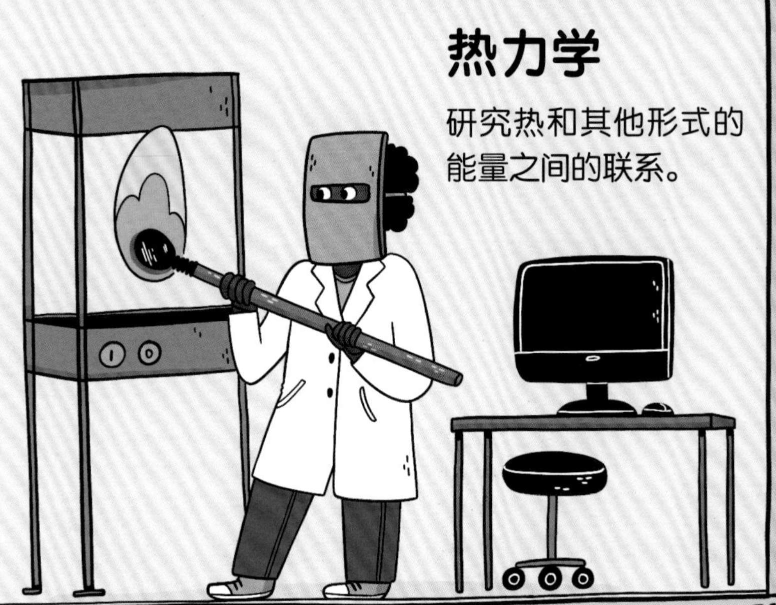

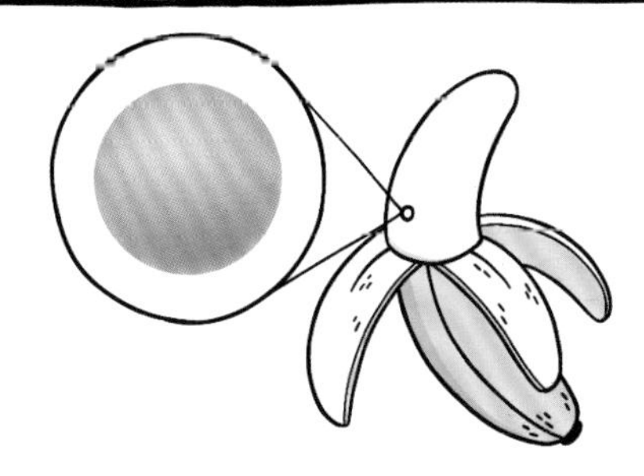

19 世纪初，英国化学家约翰·道尔顿证明了原子的存在。他认为原子是一种小到不可再分割的微粒，是它组成了宇宙中的所有物质。

20 世纪初，美籍德裔物理学家阿尔伯特·爱因斯坦提出了关于空间、时间和引力的革命性理论——相对论，让物理学华丽蜕变。

1954 年，欧洲核子研究中心在瑞士成立。在这里，科学家们建造了一个巨大的环形装置，让粒子们在其中“嗖嗖”地加速后对撞。研究粒子对撞可以帮助科学家们理解宇宙的起源、物质的构成等问题。

运动

万物都在运动，就连看起来静止的物体也不例外，这是因为任何物质都拥有促使它运动或变化的能量。在微观粒子层面，物质中的原子在不停地振动；在宏观层面，万有引力使得地球和其他行星围绕太阳运动，太阳又以非常复杂的方式在银河系里运动。我们脚下的大地也在运动，只不过速度相当缓慢，我们感觉不到而已。

参照系

物理学家用“运动”来描述物体相对某个确定点的位置变化，这个确定点就是“参照系”，它可以是一个地点或一个相对静止的物体。例如，我们可以将起跑器作为参照系研究田径运动员的运动。不过，起跑器其实也在随着地球的自转和公转运动。

速率和速度

速率和速度是描述物体运动状态的两种方式。速率指物体在单位时间内移动的距离；速度则描述物体在某个方向上的速率。一旦汽车的行驶方向改变，哪怕它的速率不变，它的速度也改变了。

牛顿运动定律

300 多年前，艾萨克·牛顿提出了一系列运动定律，来解释物体在受力状态下的行为。这套定律明确了物体为什么会开始或停止运动，以及是什么使其加速、减速或改变方向。科学家们至今仍在用牛顿运动定律来描述绝大部分物体的运动，但这套定律并不适用于原子和轻粒子这些微观层面的物质。

牛顿第一定律

物体总是保持静止或匀速直线运动状态，直到外力迫使它改变这种状态为止。原本静止的足球，只有在你踢它时才会开始运动。然后它会运动下去，直到有另一个力阻止它。

艾萨克·牛顿
（1643—1727）

作为人类史上最有影响力的科学家之一，艾萨克·牛顿在 26 岁时就成了一名数学教授，他的《自然哲学的数学原理》被公认是迄今为止最重要的科学书籍之一。牛顿不仅提出了运动定律和引力理论，创立了“微积分”这种新的数学工具，还发明了史上第一台反射式望远镜，也是最早发现白光可以分解成七色光的科学家之一。牛顿的这些成就推动物理学成为现代最重要的科学之一。

牛顿第二定律

受力物体具有沿力的作用方向运动的趋势。当质量一定时，力越大，物体的加速度（单位时间内增加的速度）就越大；当力一定时，质量越大，物体的加速度就越小。

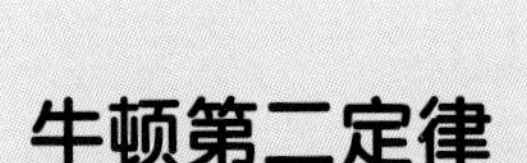

牛顿第三定律

两个相互作用的物体彼此施加的力大小相等、方向相反。也就是说，每个作用力都有一个大小相等的反作用力。火箭在发射时向下喷出一股超高温气体，从而获得一个巨大的反作用力，正是这个力推着它飞上了天空。

力

力驱动着宇宙中的一切，小到跳离草叶的蚱蜢，大到绕地球轨道运行的“国际”空间站，都离不开力。力通过推或拉物体，使其加速、减速、转向，或将其挤压、拉伸成新的形状。虽然力看不见摸不着，但是我们每时每刻都能感受到它们的作用。

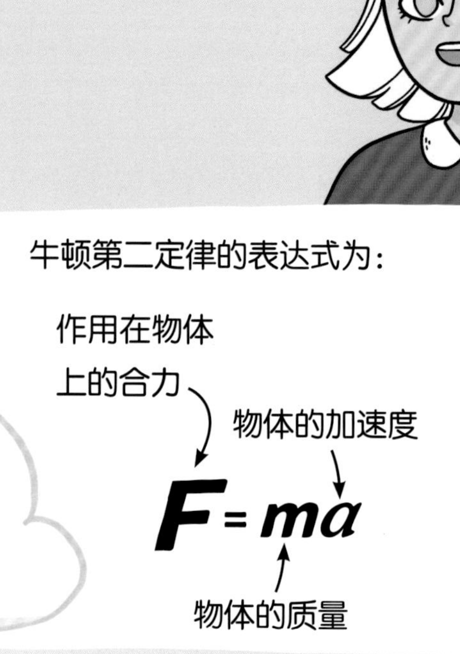

牛顿第二定律的表达式为：

$$F = ma$$

作用在物体上的合力 → F

物体的加速度 → a

物体的质量 → m

平衡力

如果两个大小相等且方向相反的力作用在同一个物体上，它们的作用效果就会相互抵消，物体将保持静止或匀速直线运动状态，我们说这两个力平衡。桥梁具有复杂的结构，在不同的方向上有不同的推力和拉力，但是因为这些力达到了整体平衡（前提是工程师的设计没问题），所以桥梁才会安如磐石。

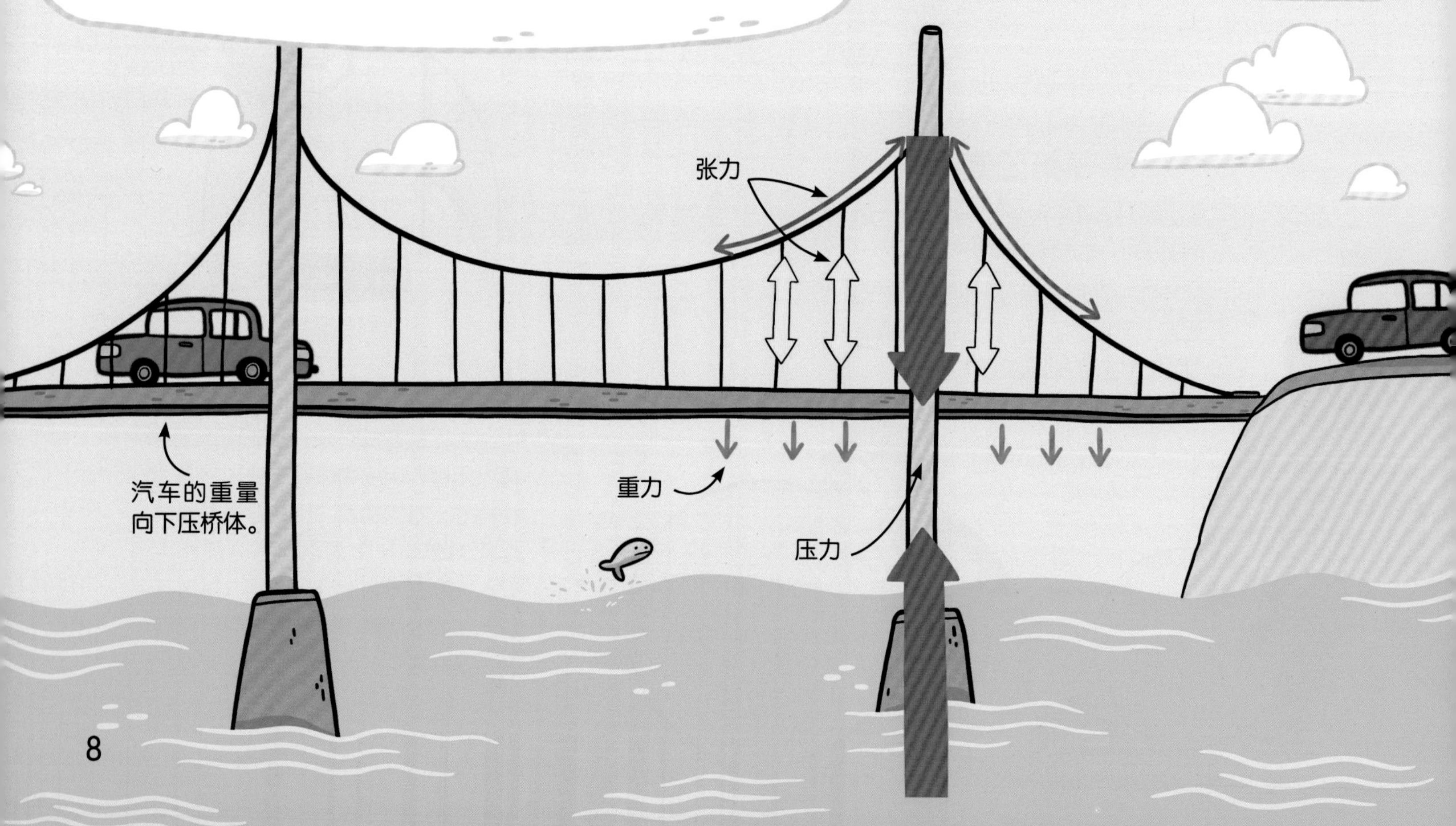

力的类型

生活中力的作用无处不在。就连我们身体的运转——血液的流动、空气的吸入和呼出，都需要靠力来维持。也就是说，没有力，我们连呼吸、走路、睡觉都做不到！

摩擦力能减缓接触面上相对运动的速度。

重力将你拉向地面。

磁力可以使某些物体相互吸引或排斥。

推力让你推着手推车前进。

浮力是一种向上托的力，是它让热气球升空，让船只浮在水面上。

张力是在拉动一个物体时产生的，比如拉遛狗绳时绳子内部相互牵引的力。

阻力是妨碍物体运动的力。

弹力能够让弹簧在受到拉伸或挤压后恢复原状。

你知道吗？

深空中几乎没有重力或大气阻力来阻碍物体的运动。如果你在这里扔出一个球，那么它将永远保持匀速直线运动状态。

功、能和热

对我们大多数人来说，用功就是努力的同义词，它通常被用来形容在学习、读书等事情上投入了大量时间和精力。在物理学中，劳而无“功”的情况时有发生，原因是只有当力作用于物体，并使物体沿力的方向移动了一定距离时，我们才说这个力对物体做了功。

功 即力与物体沿着力的方向移动的距离的乘积。

功 = 力 × 距离

1. 如果你试图去推一堵墙，那么即便你累得气喘吁吁，也没有做功，因为墙在推力方向上没有移动。

2. 当你头顶篮子去往野餐地点时，你也没有对篮子做功，因为你举篮子的力是竖直向上的，而篮子是水平移动的。

3. 如果你用力做一个俯卧撑，从撑起身体到落下，你也没有做功。这是因为从撑起到落回，你移动的距离为零。

4. 如果你松开手，让一个物体掉到地上，重力就做了功。因为重力使物体从你的手上移动到了地面。

能量

能量是宇宙中一切运转的基础，可以表现为物体做功的本领。能量的存在形式多种多样，并且不同形式之间可以相互转化。例如，电热水壶将电能转化为热能，将水烧开。储存在物体中的势能一旦被用来移动物体，就会转化为动能。

能量的种类

机械能

热能

核能

化学能

电磁能

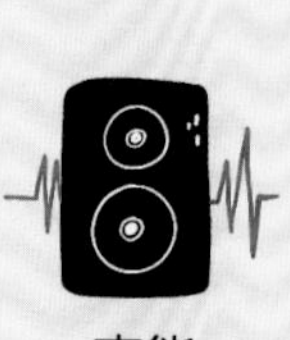

声能

动能

势能

电离能

热能

物体内部粒子无规则运动的动能称为“热能”。当物体里的分子和原子获得更多能量时，它们运动得更快，进而产生了热。你从冰箱里拿出来的冰块之所以是固体，是因为它内部的分子都聚集在一起，运动得非常缓慢。当冰从温度更高的空气中吸收能量后，其内部的分子运动加剧，间距不断增加，于是冰就变成了水。如果给它更多的能量，分子运动的速度还会更快。最终，水分子将挣脱彼此的束缚，以蒸汽的形式逃逸到空气中。

使用热能

蒸汽中的分子充满了能量，因此常被用来驱动涡轮机，将热能转化为机械能。

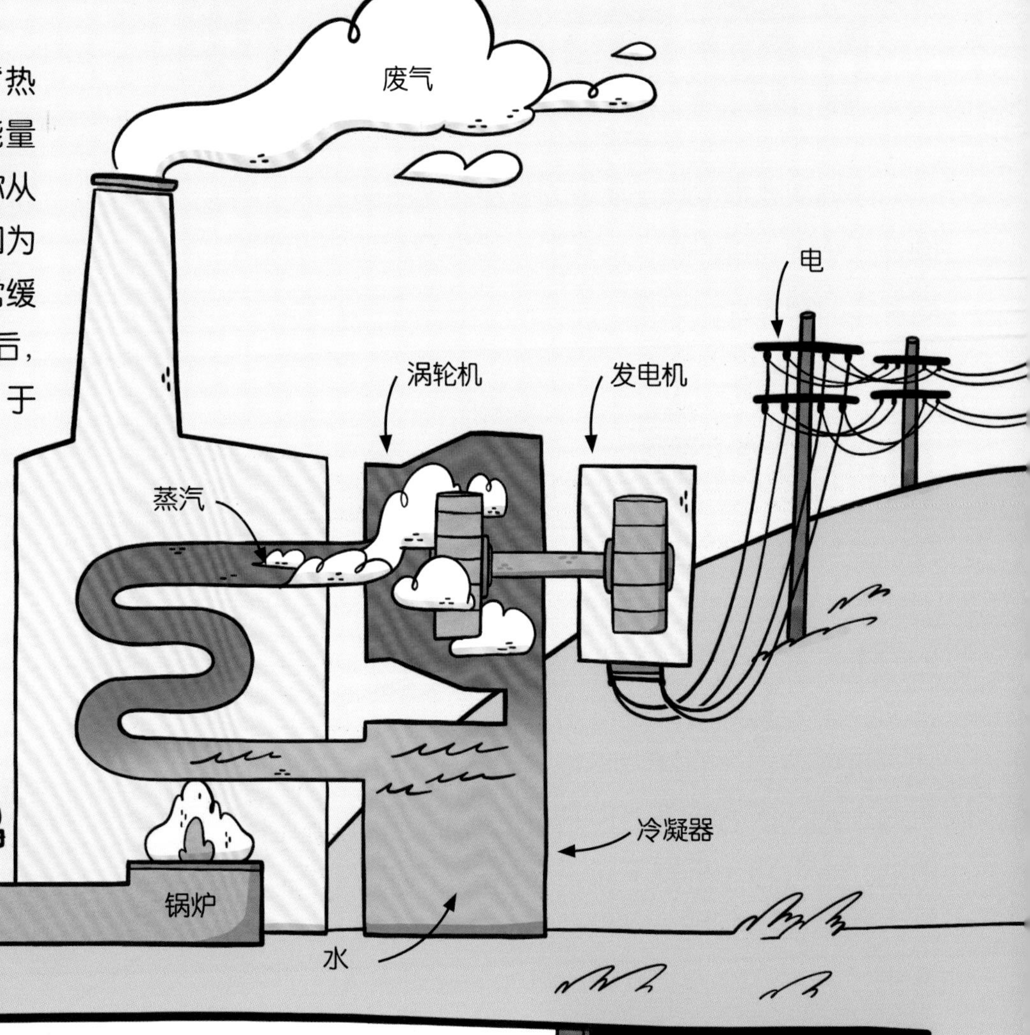

玛丽亚·格佩特-梅耶（1906—1972）

有关原子核结构的研究让玛丽亚·格佩特-梅耶获得了1963年的诺贝尔物理学奖，成为继玛丽·居里之后第二位获得该奖项的女性，她们之间相差了60年。格佩特-梅耶提出的“核壳层模型”理论解释了一直困扰着科学家们的某些原子行为。此外，她在化学、原子和激光物理方面也取得了重大发现。

飞机中的物理

飞机动辄数十吨，这样的庞然大物是如何离开地面并在空中飞行的呢？让我们一起来探索动力飞行背后神奇的物理学知识吧。

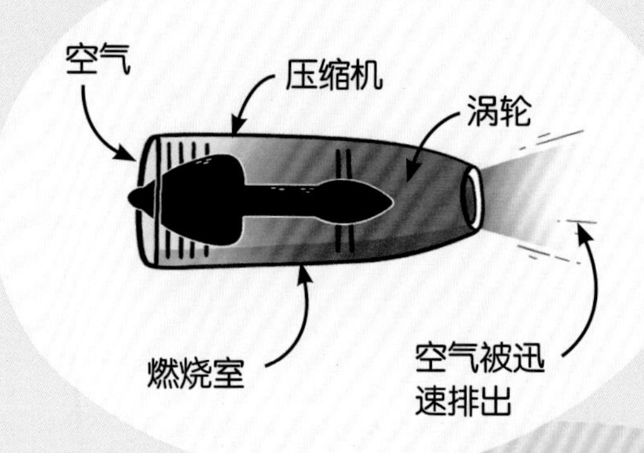

四股力量

飞机之所以能够飞起来，是因为它能产生足够大的向上的力，以对抗把它拽向地面的力量。作用在飞机上的力主要有四种——空气阻力、推力、重力和升力。空气阻力把飞机向后拉，而推力则将飞机向前推。重力和升力也是反向的：重力将飞机向下拉，而升力将飞机向上推。飞机必须产生足够大的推力和升力，才能在空中飞行。

推力

推力是由挂在机翼上的涡轮发动机提供的。发动机从前方吸入空气，用燃料将空气加热后，向后高速喷出。这时，飞机就会获得一个反方向的、同等大小的推力，推动飞机向前运动。

升力

或许，你认为发动机是让飞机飞行的关键，但很多东西即使没有发动机也能飞行，比如风筝和滑翔机。事实上，让它们飞起来的是升力。以滑翔机为例，流线型机翼下方的空气流动得更慢，机翼上方的空气流动得更快，这使得机翼下方气体压强大于上方气体压强，从而产生了一个向上的力——升力。

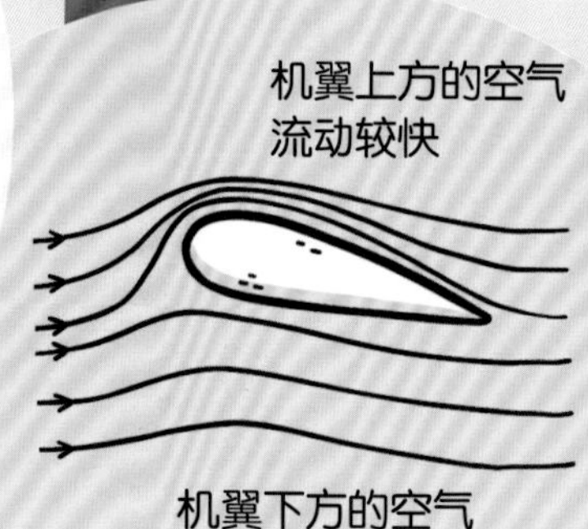

汽车中的物理

除了让汽车快速和高效行驶的机械设计外，在安全设计上，物理学也起着关键作用。

安全带

牛顿第一定律告诉我们，物体有保持其运动状态不变的特性，即惯性。发生撞击时，惯性会让你继续往前运动，而安全带将把你拉回原位。

碰撞缓冲区

发生撞击时，汽车前部和后部的缓冲区发生变形，以吸收绝大部分的撞击能量，保护乘客安全。

刹车片

刹车片能在高速旋转的车轮上制造摩擦力，使其减速。运动中的汽车具有动能，而摩擦力将部分动能转化为了热能，这就是为什么刚用过的刹车片摸上去非常烫！

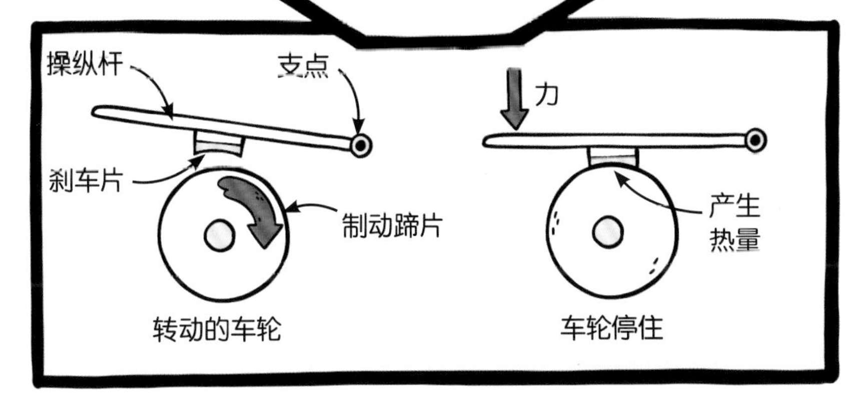

什么是动量？

另一个与汽车安全设计相关的物理量是动量，它能描述物体的运动状态。当两辆车相撞时，每辆车的动量可能会改变，但两辆车的总动量在撞击前后维持不变，这就是动量守恒。动量的计算公式如下：

动量（p）= 质量（m）× 速度（v）

游乐场中的物理

力很实用，但这不意味着它们不好玩！在游乐场里，正是由于许多不同的力互相平衡，我们才可以放心大胆地享受各种刺激好玩的游乐设施！

过山车

过山车就是各种力的大集合。重力势能为过山车的运动储备了能量，动能和重力让过山车加速往下冲，而动量会再次把它带回高处。过山车的设计平衡了向前的推力和向后的拉力，使乘客既能享受速度带来的惊险刺激，又能安稳地坐在座椅上，直到行程结束。

跳楼机

乘客们慢慢升至高空，然后迅速跌落，并在坠地前的一瞬间停住。到底是什么拯救了他们？是磁力！跳楼机的制动系统包含两块磁铁，一块在地面上，另一块在座椅上。根据同性相斥的原理，将两块磁铁的相同磁极相对，强大的斥力就会阻止座椅撞到地面。

疯狂大转盘

这个游戏设备有点像洗衣机滚筒！当转盘快速旋转时，乘客感觉自己好像被摁在椅背上一样。这个把人摁在椅背上的力就是离心力。还记得牛顿第一定律吗？当大转盘在向心力的作用下做圆周运动时，乘客的身体总是试图沿着直线运动，因此离心力与向心力大小相等但方向相反。向心力指向圆心，所以离心力指向椅背。

海盗船

海盗船就像一个载着乘客来回摆动的巨大秋千。每当它摆到顶端，乘客就会有失重的感觉。但重力并没有消失，只不过在海盗船荡到最顶端的时候，乘客的身体会有那么一瞬间脱离座椅，不再能感受到座椅向上的推力，所以才会有刹那的失重感。

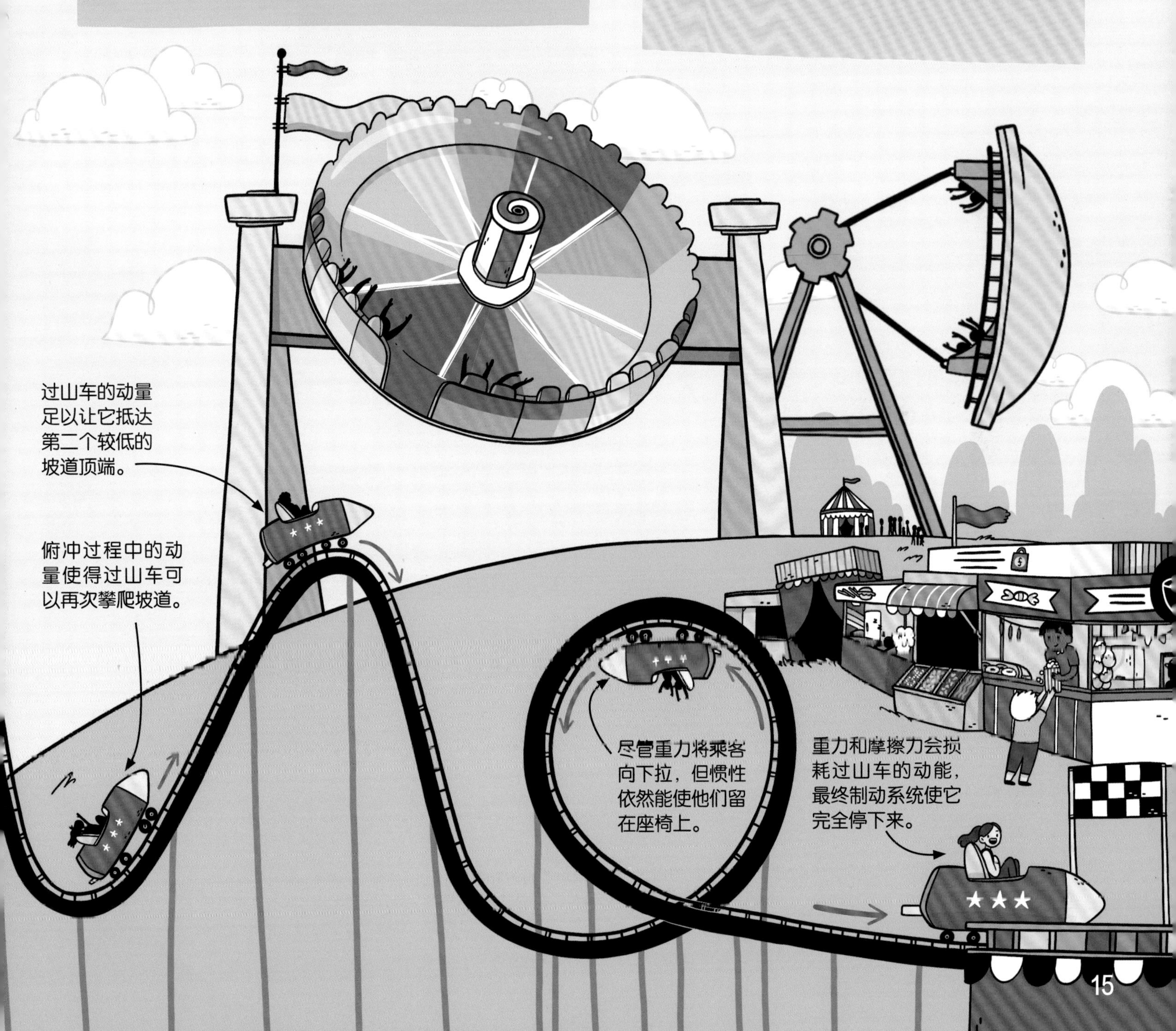

光与暗物质

光是一种能量物质。在正常状态下，原子处于能量最低的基态，电子在离核最近的轨道上运动。当原子吸收一定能量进入能量更高的激发态时，电子就会跃迁到离核更远的轨道上。当激发态的电子回到基态时，就会释放出多余的能量，也就是光。

来自太阳的光是地球上所有生物（包括人类在内）的主要能源。

什么是光？

光是以电磁波形式传播的粒子。当一个物体被加热时，其原子内部的电子将变得很不稳定。为了回到更稳定的状态，电子将多余的能量以微小的能量束的形式释放出来，这些能量束就是光子，即组成光的基本粒子。

光是如何传播的？

这个问题看似简单，却让物理学家们争论了很久。大多数情况下，光的表现与波相同，比如它在遇到镜子时会反弹，表现出精确的反射现象。正因如此，科学家们相信光是以波的形式传播的，直到阿尔伯特·爱因斯坦提出光实际上可以像粒子流一样运动，才首次揭示了光的“波粒二象性”。现代物理学家普遍认为光既是波又是粒子。

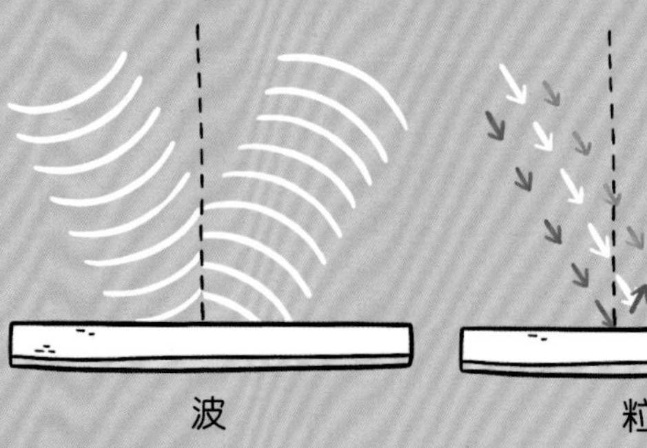

维拉·鲁宾（1928—2016）

维拉·鲁宾从小就喜欢天文学，十几岁时就独自用纸板制作出了望远镜，最终凭借努力成为一名天体物理学家。在研究恒星如何在旋涡星系中运动的过程中，鲁宾得出了一个令人惊讶的结论——这些星系是由某种看不见的物质束缚在一起的，她称这种物质为“暗物质”。她认为，宇宙中大部分星系是由暗物质构成的，正是它们的引力维持着整个宇宙的稳定。

暗物质与暗能量

科学家观测发现，恒星、行星和星系由某种物质维系在了一起。因为它不反射光，所以我们看不到它，但我们可以观测到它对周围事物的影响。这种物质实际上包含两部分：一部分是暗物质，它们拥有把宇宙拉在一起的引力；另一部分是暗能量，即一种将一切物体推开，使宇宙不断膨胀的力量。

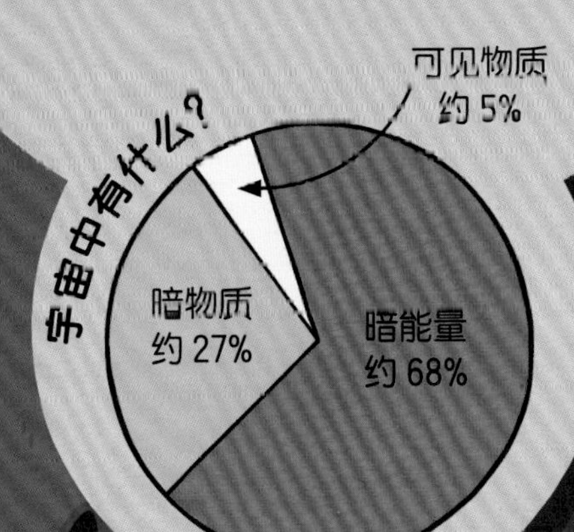

黑洞

黑洞是大质量恒星在自身引力作用下剧烈坍缩形成的。它之所以看起来像一个洞，是因为它的引力强到使任何东西（包括光）都无法从中逃逸。

光学

光学是一门研究光的科学，包括光是由什么组成的，它是如何传播的，又是如何与其他物质相互作用的。光学在我们的日常生活中应用广泛，它给我们带来了许多有用且有趣的发明：研究微小细菌的显微镜、探索宇宙的天文望远镜、帮助我们看得更清楚的框架眼镜和隐形眼镜，还有用于拍摄和展示照片、电影、视频的相机和投影仪。光学在诸如芯片、扫描仪、打印机和信息传输等数字技术中也起着关键作用。

光的折射

光在同种均匀介质中沿直线传播。当光从一种介质（如空气）进入另一种介质（如水或玻璃）时，我们通常会看到一个变形的图像，这是因为光速的变化导致光的传播方向发生了偏折，这一现象就是光的折射。

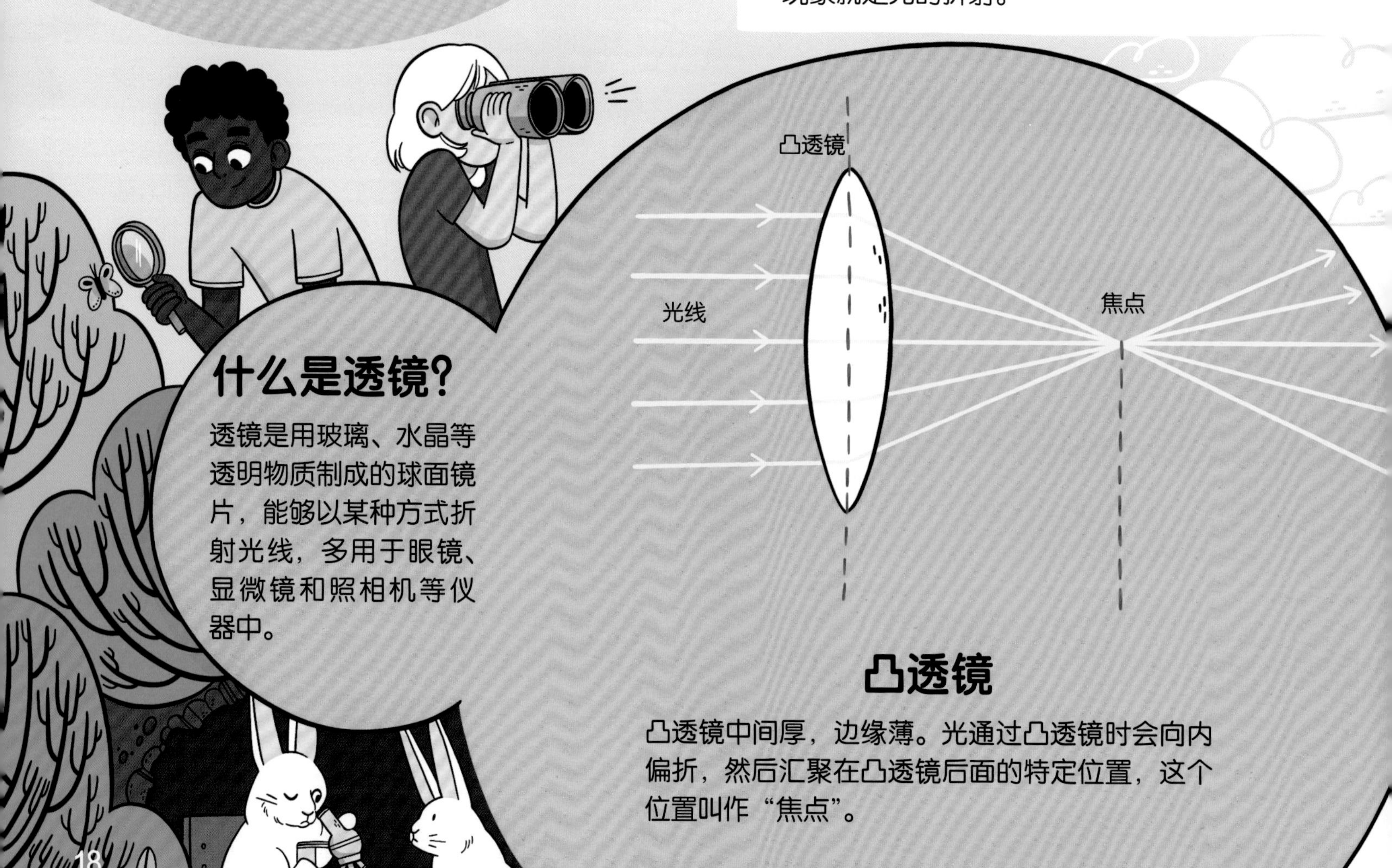

什么是透镜?

透镜是用玻璃、水晶等透明物质制成的球面镜片，能够以某种方式折射光线，多用于眼镜、显微镜和照相机等仪器中。

凸透镜

凸透镜中间厚，边缘薄。光通过凸透镜时会向内偏折，然后汇聚在凸透镜后面的特定位置，这个位置叫作“焦点”。

透镜的用途

凸透镜使物体看起来比实际的更近、更大，而凹透镜使物体看起来更小、更远。我们可以用透镜来达到不同的目的，比如用在眼镜里以矫正近视，或用在手电筒里以分散光束。

显微镜

眼镜

双筒望远镜

天文望远镜

手电筒

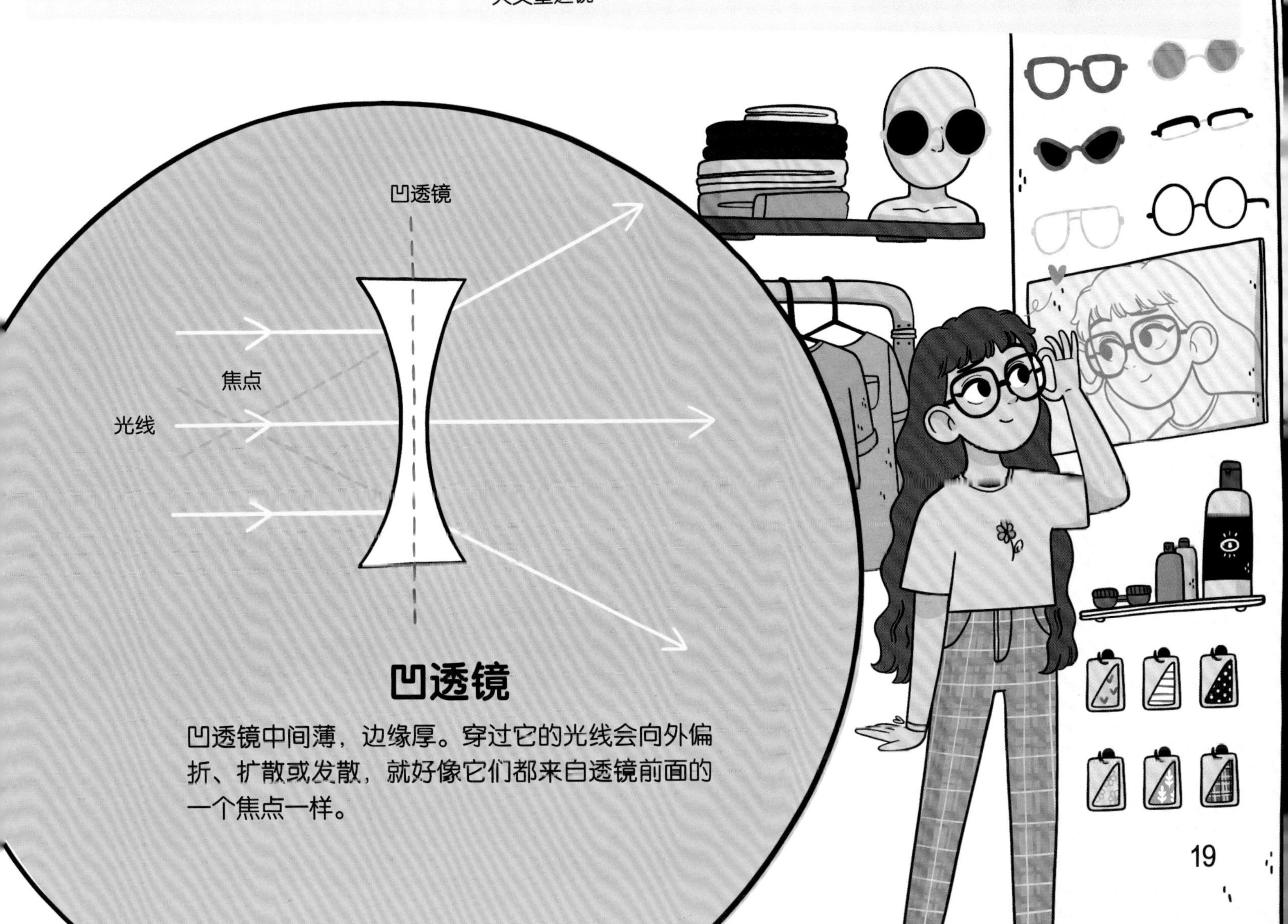

凹透镜

凹透镜中间薄，边缘厚。穿过它的光线会向外偏折、扩散或发散，就好像它们都来自透镜前面的一个焦点一样。

电磁学

电和磁都很重要，当它们结合在一起时，就会形成一种无处不在的力——电磁力。电磁力是大自然的四种基本作用力之一，是它驱动着物质与物质之间、能量与能量之间的相互作用。我们日常生活中的很多力，如摩擦力、弹力等，归根结底都是电磁力的作用。

什么是电？

电是一种能量，以电子等带电粒子为载体。电子在导体中的定向移动形成电流，电流沿着地上、地下的电缆或电线进入千家万户。聚集在一个地方的、处于静止状态的电荷叫“静电”，闪电就是云层里的静电积累到一定程度后发生的放电现象。

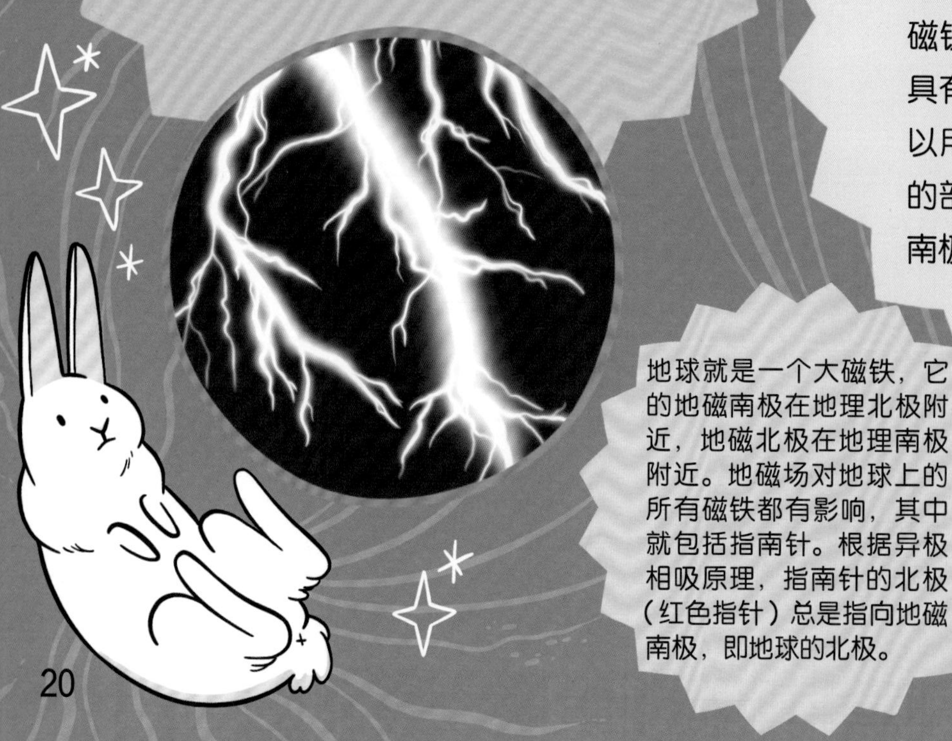

磁场在两极最强

北极

N

S

磁铁周围的磁场（磁力线）

南极

磁力和磁场

磁力是由电子的运动产生的，它能让磁铁之间相互吸引或排斥。磁铁周围具有磁力作用的空间叫“磁场”，它可以用磁力线表示。磁铁两端磁力最强的部分叫“磁极”，我们一般用 S 表示南极，用 N 表示北极。

地球就是一个大磁铁，它的地磁南极在地理北极附近，地磁北极在地理南极附近。地磁场对地球上的所有磁铁都有影响，其中就包括指南针。根据异极相吸原理，指南针的北极（红色指针）总是指向地磁南极，即地球的北极。

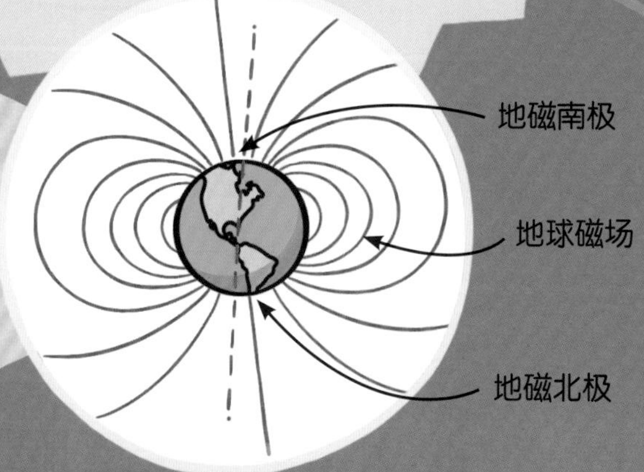

电磁铁

电和磁是一对好朋友，因为它们都是由电子的运动产生的。电流总是在它周围产生磁场，如果你把通电导线绕在铁棒上，铁棒也会具有磁性，这就是电磁铁。一旦切断电流，电磁铁就会立刻失去磁性。

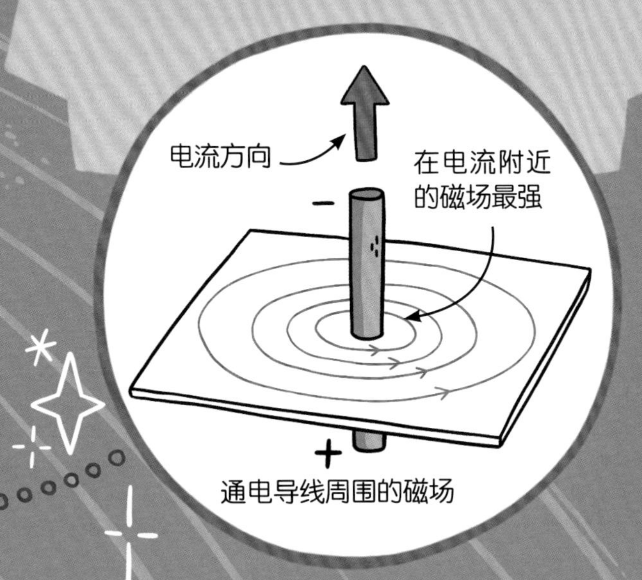

电磁铁的应用

电磁铁的磁性很强，并且可以轻松开关，因此在生活中用处很大。例如，在起重机上安装一块电磁铁，接通电流就可以牢牢吸住金属重物，吊到指定位置后只要切断电流，就可以将它们放下。

迈克尔·法拉第（1791—1867）

作为电磁学的奠基人，英国物理学家迈克尔·法拉第于1821年发明了人类史上第一台电动机，首次将电磁能转化为机械能。1831年，法拉第发现了电磁感应现象，进而得出了产生交流电的方法，在此基础上发明了世界上第一台发电机，利用磁铁将机械能转化为电能。以上这两项发明在现代的许多技术和电子设备中仍然发挥着关键作用。

磁铁

你的家里到处都有磁铁，你能找到它们吗？指南针里那根指向北方的指针就是磁铁；图书借阅卡或会员卡上的黑条也是磁铁，存储着持卡人的信息；食品料理机或吸尘器等带电机的家电里也有磁铁，只要通电就能启动；一些储物柜也有磁性门闩……就连养猫也会用到磁铁：门下带磁性活动板的猫洞只会对戴磁性项圈的猫打开。

磁铁如何工作？

每个磁铁都有两极。当两个磁铁的异性磁极相互靠近时，它们会互相吸引并可能连在一起。如果同性磁极相对，它们就会相互排斥或远离。

异性磁极相吸

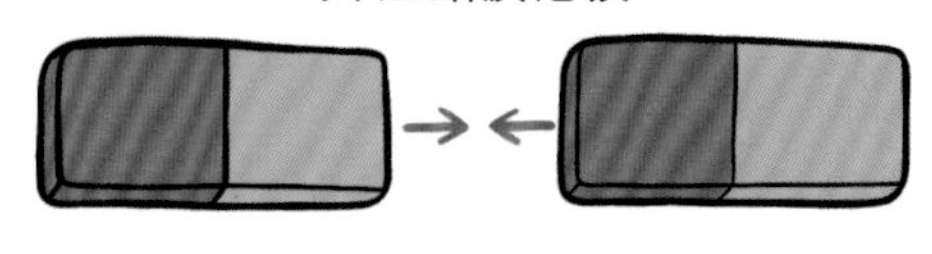

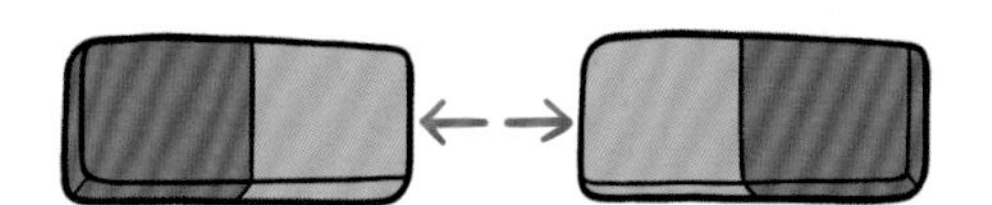

同性磁极相斥

扬声器

扬声器能发出声音靠的是两种磁铁相互作用，它们一种是永磁体，一种是电磁铁。

电磁起重机

电磁起重机的磁力非常强大，可以移动汽车和钢梁等重物，常用于废钢铁回收、港口的物流、桥梁建设等领域。在废品回收中心的分类传送带上，电磁铁能轻松地将金属与其他材料分离开。

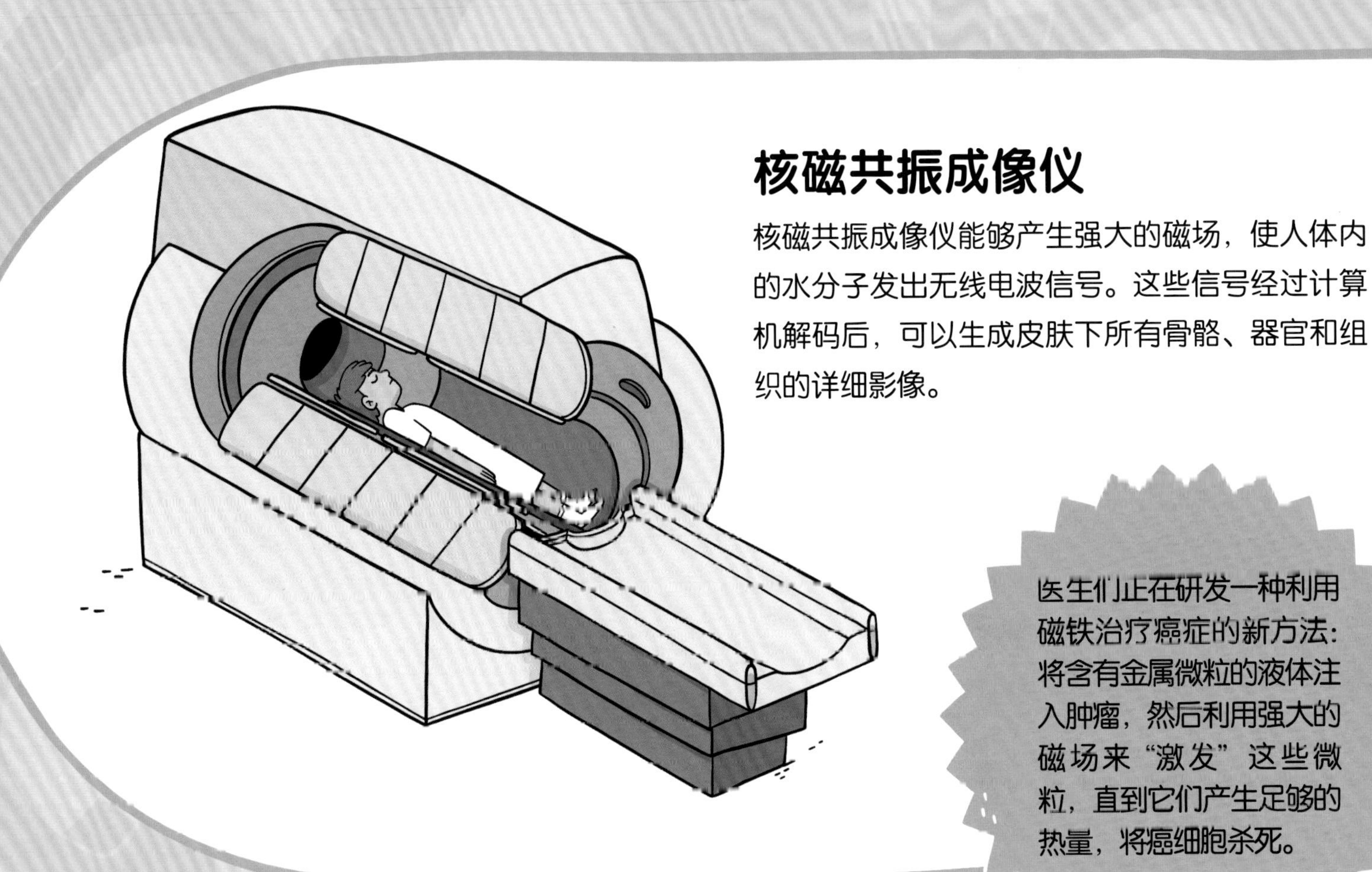

核磁共振成像仪

核磁共振成像仪能够产生强大的磁场，使人体内的水分子发出无线电波信号。这些信号经过计算机解码后，可以生成皮肤下所有骨骼、器官和组织的详细影像。

医生们正在研发一种利用磁铁治疗癌症的新方法：将含有金属微粒的液体注入肿瘤，然后利用强大的磁场来“激发”这些微粒，直到它们产生足够的热量，将癌细胞杀死。

实验物理学

在科学研究中，实验极其重要。如果你有一些关于世界运转原理的想法或理论，那么实验是最好的检验方法。如果你获得了期待中的答案，那当然很好；如果不是，那也很棒！失败的实验其实与成功的实验一样有意义，因为它们可以帮你找到新思路。纵观科学史，有很多杰出的实验改变了人类的世界观。

1589 年：伽利略进行自由落体实验

传说意大利科学家伽利略曾爬上比萨斜塔，向世人展示：所有自由落体，无论其大小、形状或质量如何，都具有相同的加速度。这一实验推翻了“重物比轻物下落得更快”的说法。

比萨斜塔

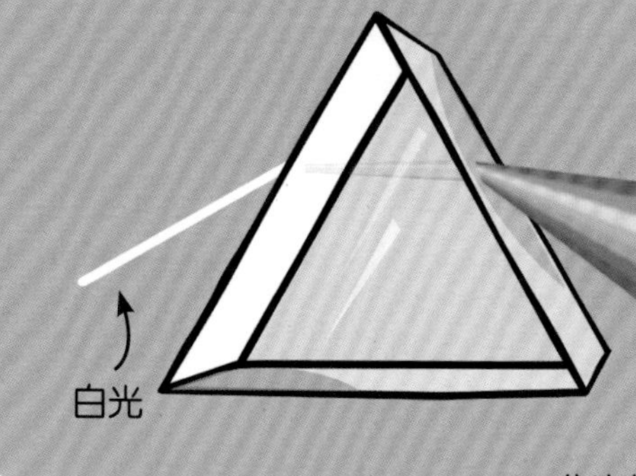

1666 年：艾萨克・牛顿分解出七色光

英国物理学家艾萨克・牛顿在使用棱镜研究光束时发现，射入的白光从棱镜另一侧出来后，会变成 7 种不同颜色的光。当他让彩色光束通过另一个棱镜后，七色光又融合成一束白光。牛顿由此推测，白光由多种颜色的光混合而成。多亏了他的发现，我们今天才会有彩色电视和电脑显示器。

1798 年：亨利・卡文迪许称量地球

英国科学家卡文迪许使用一种叫作“扭秤”的精巧装置，通过观察悬挂在细线上的铅球在万有引力作用下的运动，巧妙地计算出了地球的密度。他估测地球的密度是水的 5.48 倍，这和后来测定的准确值相比，误差不超过 1%。

1801 年：托马斯・杨证明光是一种波

英国物理学家托马斯・杨做了一个双缝干涉实验。为了证明光是一种波，他将一束光对准一个有两道狭缝的挡板，观察光在后方屏幕上形成的图样。被分出的两束光确实形成了涟漪图样，就像池塘中的水波一样相互叠加或抵消。可惜托马斯・杨只说对了一半，现在的科学家们普遍认为光既是波也是粒子。

1953 年：罗莎琳德·富兰克林拍摄到了 DNA 照片

英国科学家富兰克林用 X 射线首次拍摄到了 DNA 晶体的样子。她的晶体图片启发了 DNA 双螺旋模型的提出，也帮助后来的科学家们理解了 DNA 分子是如何自我复制并构建新细胞的。

1919 年：卢瑟福打开了原子核

英国物理学家卢瑟福发现，用 α 粒子轰击氮核，可以打出一种质量与电荷量均为一个单位的微粒，卢瑟福把它命名为“质子”。基于他的实验，一个全新的物理学分支——核物理学的大门被打开了。后来，他的学生发现重的原子核可以被“撕裂”，并释放出巨大的能量。

1849 年：阿尔基·斐索测量光速

法国科学家斐索将一束光打在旋转的齿轮上，在几公里外放置一面镜子，让光线原路反射回齿轮。他调整了齿轮的转速，使所有光脉冲在穿过一个齿隙被反射回来时恰好通过下一个齿隙。通过测量齿轮的转速和齿轮到镜子的距离，斐索计算出了光的传播速度，答案是 315000 千米 / 秒，误差仅有 5%！

1840 年：詹姆斯·焦耳证明能量守恒

英国物理学家焦耳善于从实验中得出结论。有一次，他发现当用一台简单机械带动水中的叶片旋转时，水变热了。他意识到机械能转化为了热能，进而推断宇宙中的能量永远不会消失或耗尽，只是从一种形式的能量转换成了另一种形式的能量。

理论物理学

理论物理学家通常不亲自做实验，不过他们会研究实验数据，并试图靠自己的想象力来解释实验结果，或预测未来的实验中可能出现的现象。他们还会针对进一步的实验方案提出建议，然后用数据去检验他们的观点和理论。

广义相对论

阿尔伯特·爱因斯坦是最伟大的理论物理学家之一，而广义相对论是他最重要的物理理论之一。爱因斯坦认为引力并不体现为拉力，而更像是空间中的一个橡皮膜。像地球这样质量巨大的物体会在膜上形成凹陷，其产生的坡度将月球拉入地球轨道。他认为引力造成的弯曲还会影响时间，并预言时钟在太空中比在地球上走得更快，这一点已经得到了验证。

量子计算

沃纳·海森堡、尼尔斯·玻尔和埃尔温·薛定谔也是 20 世纪著名的理论物理学家，他们试图认识并解释电子及原子内部其他粒子的运动。他们共同创立了物理学的一个新分支——量子力学。量子计算机是一种基于量子力学原理设计的计算机，目前仍处于研发阶段。总有一天，这种拥有强大计算力和信息处理能力的计算机将彻底超越传统计算机。

肖希尼·戈斯（1974—）

肖希尼·戈斯在印度长大，她从小就梦想成为一名宇航员。“在我小时候，印度宇航员第一次登上了太空，”她说，“我当时很受鼓舞。”

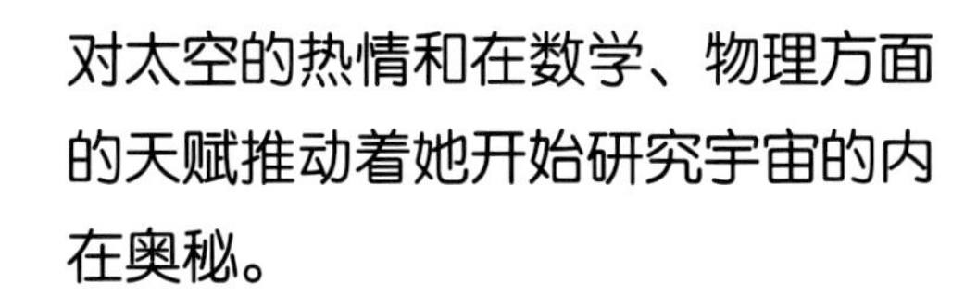

波的世界

电磁波在我们的日常生活中发挥着至关重要的作用。是它们让世界变得可见，让我们可以远程通信、烹饪食物甚至治愈疾病。

电磁波谱

人们将电磁波按照波长、能量等的大小顺序进行排列，制成了电磁波谱。所有电磁波均以光速传播，其组成粒子即光子。不同波长的电磁波的光子能量不同：无线电波的波长最长，光子能量最小；波谱另一端的伽马射线波长最短，光子能量极高！

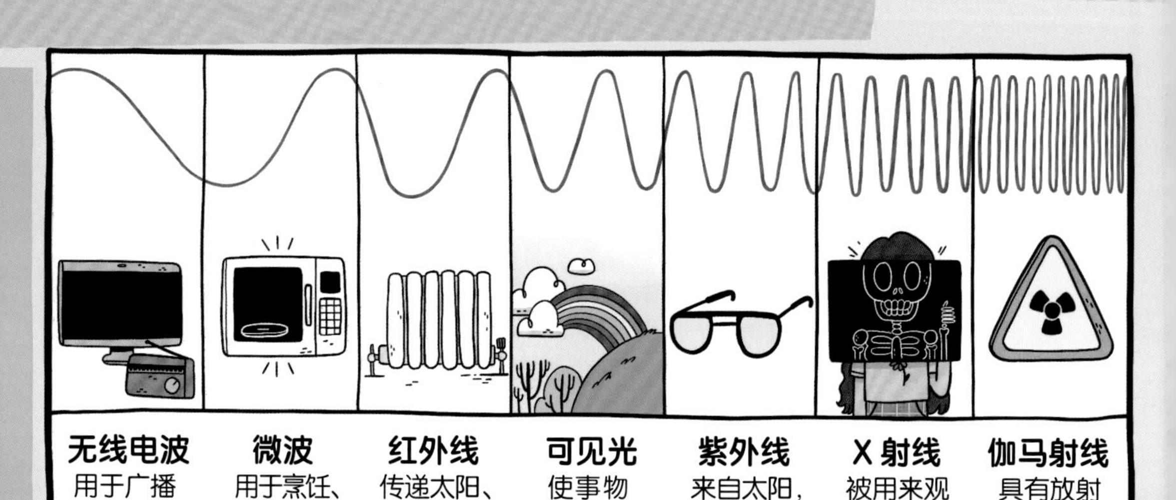

电视

收音机、手机、电视和卫星导航等通过无线电波传送信号。电视信号发射装置将图像和声音转换成数字信号，利用无线电波发送出去，信号被天线或信号接收器接收后，通过电缆进入电视中，最后经过解码被恢复成原本的图像和声音。

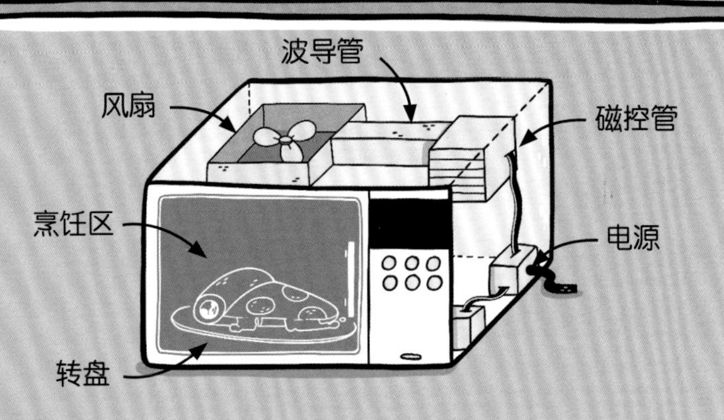

微波炉

微波炉中有一个叫“磁控管”的电子管，它能够产生一种波长较短的电磁波，即微波。微波经波导管到达烹饪区，使食物中的水和脂肪分子不断振动。振动越剧烈，食物的温度就越高……直到“叮”的一声，晚餐准备好了。

海蒂·拉玛（1914—2000）

这位好莱坞电影明星还有一个不为人熟知的身份——发明家。在第二次世界大战期间，拉玛和她的作曲家朋友乔治·安太尔想出了一种可以使美国海军的无线电控制鱼雷免受敌人拦截的方法。他们开发了一种设备，能以拉玛口中的“跳频”方式发送无线电信号。战后，这项发明被广泛运用，进而发展成了我们现在常用的手机、蓝牙和 Wi-Fi 设备背后的数字技术。

遥控器

在电磁波谱中，红外线排在微波之后。当你切换电视频道时，遥控器会发出红外线光束，向电视传送数字指令。

光纤

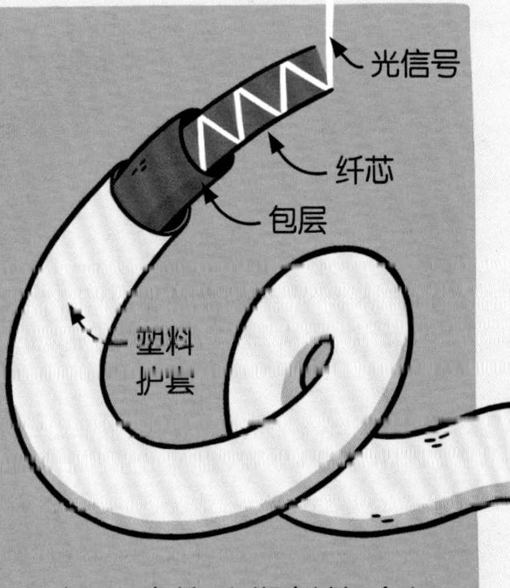

信息能以不同的方式传播，既可以作为电信号沿电缆有线传播，也可以通过无线电波无线传播。光纤的工作原理是将信息编码成一束光，然后通过一根细玻璃管或塑料管（光纤）将光束发送出去。用光纤传输的信息损耗更少，更保真。我们使用的互联网和手机网络都依赖于光纤技术。

声音

声音是一种由振动产生的能量形式。振动是指物体以某一位置为中心做往复运动，比如被拨动的吉他弦。这些振动在空气、水或其他介质（如木头、岩石或金属）中以波的形式传播。振动能量越高，波的振幅就越大，发出的声音也就越大。声波在传播过程中会逐渐扩散并损失能量，因此声音会随着距离增大变得越来越小。

声波

声音像光一样，也以波的形式传播。但与光波不同的是，声波的传播需要可振动的介质，构成空气的气体分子就是一种介质。真空中没有空气，因此无法传递声音。这就是为什么太空中没有摇滚乐队！

多普勒效应

当一辆救护车从远处驶来，从你身边呼啸而过时，你注意到警笛声的音调发生变化了吗？警笛声是按照设定好的时间间隔以波的形式传出来的。随着救护车离你越来越近，声波的间隙变短（也就是频率变高），声音听起来更尖锐。救护车经过你之后，声波的间隙变长，频率降低，所以警笛声听起来更低沉。这就是多普勒效应。

声波的应用

声波探测技术在医疗诊断、环境监测、海洋勘探和地质调查中有着重要的应用。超声波比一般声波的波长短得多，穿透力强，能量更集中，因而常用于检验、清洗、焊接、杀菌消毒等。

用声波测量温度

空气温度越高，含有的能量越多，因此声音在其中传播得越快。声学温度计的原理就是利用声波在特殊的充气导管内的传播速度来测量温度。当普通温度计不起作用时（例如在核反应堆内部），声学温度计就派上用场了。

用声波做清洁

当驾驶员在暴风雨或暴风雪中驾驶喷气式飞机等超高速行驶的交通工具时，晃来晃去的雨刮器可能会分散他们的注意力，造成事故。小型超声波发生器可以产生持续不断的高频声波，在玻璃上形成一种力场，阻止水滴和尘埃附着在上面，从而避免雨刮器带来的危险。

地球物理学

地球物理学家利用物理学知识研究、分析地球的内部结构，探究我们脚下发生的事情。地震学是地球物理学的一个重要分支。

地震波

所有波都是靠振动将能量从一个地方传递到另一个地方的。它们可以是电磁波，如光波；也可以是机械波，如声波或海浪。地震波是在地球内部和表层传播的机械波，其最强烈的区域是震中。地震仪可以在几十万米之外的地方测量地震波。

地球的内部圈层

地球的中心是一个由固态铁构成的内核，包裹着它的是熔融（或半熔融）的液态金属外核。再往外的地幔是最厚的一层，由半熔融的高温岩石构成。最后，漂浮在地幔顶部的是地壳，这个外层仅占地球整体质量的 1% 左右。

地震

地壳由一些可以缓慢移动的大块岩石，也就是板块组成。这些板块通常相安无事，但有时它们会发生接触，在板块边界处相互摩擦、挤压。当压力累积到一定程度，超过了板块之间的摩擦力时，板块就会突然移动，将储存的能量以冲击波的形式释放出来，传到地表后就成了地震。

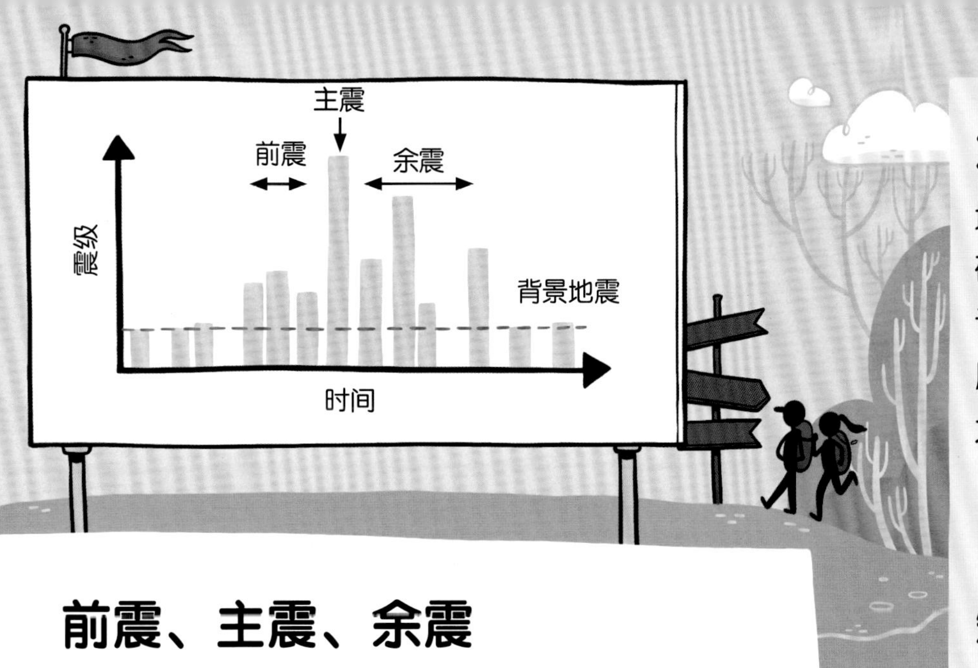

前震、主震、余震

地震彻底结束后，科学家们会通过比较数据，将一个地震序列中最强的一次地震定为主震。在主震发生前，由断层面周围的岩石移动和断裂引发的小地震就是前震。主震发生后，断层面周围的岩石在沉降到新位置的过程中，还会引起一些轻微的震颤，即余震。

震中
断层面
震源

有关地震的知识

地球内部震动开始的地方叫作“震源”，在地表正对着震源的地点是震中，那里震感最强烈。地震往往是突发的，很难被预测。地球物理学家所能做的就是定位并密切监测断层线，因为地震最有可能发生在地球构造板块的断裂处。

地震测量

地震波的振幅越大，地震的威力或破坏性就越强。科学家们用地震仪记录地震波，并提出矩震级的概念，用于衡量地震的大小，其对应数值越大，地震的威力就越大。

矩震级

< 3.0：几乎感觉不到，你甚至可以在地震中安睡！

4.0：明显但轻微的震动，相当于重型车辆经过你家门口时带来的震动。

6.0：人人都能感觉到的强烈震动，会让建筑物出现裂缝或让窗户破碎。

7.0：地震的强度足以损坏道路和桥梁，一些建筑物可能会倒塌。

8.0：建筑物或桥梁倒塌、道路塌陷，地表可能出现大裂缝。

≥ 9.0：破坏力极强，可能会把整个城镇或地区夷为平地。

冰箱是如何工作的?

在冰箱出现之前，由于储存不方便，人们不会一次性购买大量新鲜食物。冰箱的出现让我们的消费方式发生了翻天覆地的变化。在某种制冷剂自然蒸发和冷凝过程的帮助下，冰箱不断吸收食物中的热量，并将热量转移到外面，从而保持内部低温环境，达到减缓细菌滋生，防止食物变质的目的。多亏了冰箱，我们才能在一年四季都吃到自己喜欢的食物。

1. 蒸发器

在蒸发器中，制冷剂吸收冰箱内的热量，从液体变成气体。这个汽化过程会冷却周围的空气，变冷的空气下沉到冰箱底部，较热的空气则会上升到蒸发器附近。

制冷剂

制冷剂在金属管道中流动，它随着温度的升高或降低，很容易在气态和液态之间转化。

4. 膨胀阀

液化后的制冷剂通过膨胀阀时被节流，压力降低，体积膨胀，温度再次下降。

恒温器

恒温器负责控制冰箱的温度。一旦温度下降到设定值之下，恒温器中的传感器就会发出信号，关闭压缩机。当温度超过设定值时，它又会重新打开压缩机。

3. 冷凝器

冷凝器在冰箱的背面。当高温高压的气态制冷剂通过冷凝管时，其中的热量会通过金属散热片传递到周围的空气中，使制冷剂冷却下来，从气态冷凝成液态。

2. 压缩机

在压缩机内部，低温低压的气态制冷剂被不断挤压，变成高温高压的气体，然后流向冷凝器。

极小

可以说，世间万物都是由原子组成的，原子则由更小的粒子组成。科学家们向着“极小”不断深入探索，以便了解宇宙是如何形成和运行的。

基本作用力

宇宙中存在四种基本作用力——引力、电磁力以及只在微观领域发挥作用的弱相互作用力和强相互作用力。后两种力能将原子核内的粒子束缚在一起。

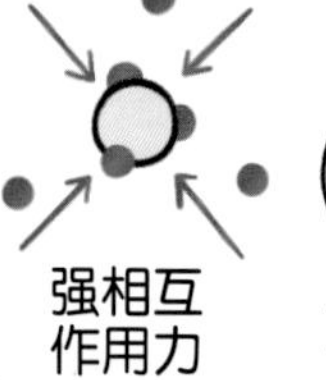

粒子物理学

今天的科学家们将亚原子粒子置于一个狭小的空间内，让它们猛烈碰撞，试图重现宇宙大爆炸前后混沌、高能的环境。未来，粒子物理学也许能帮助我们了解宇宙是如何诞生及膨胀的。

基本粒子的标准模型

基本粒子的标准模型理论试图解释四大基本作用力如何协同工作。这个模型非常复杂，它指出电磁力、弱相互作用力和强相互作用力是由一种叫玻色子的特殊粒子来传递的。但是，标准模型暂时还不能解释引力，对引力最好的解释仍然是爱因斯坦在一个多世纪前提出的广义相对论。

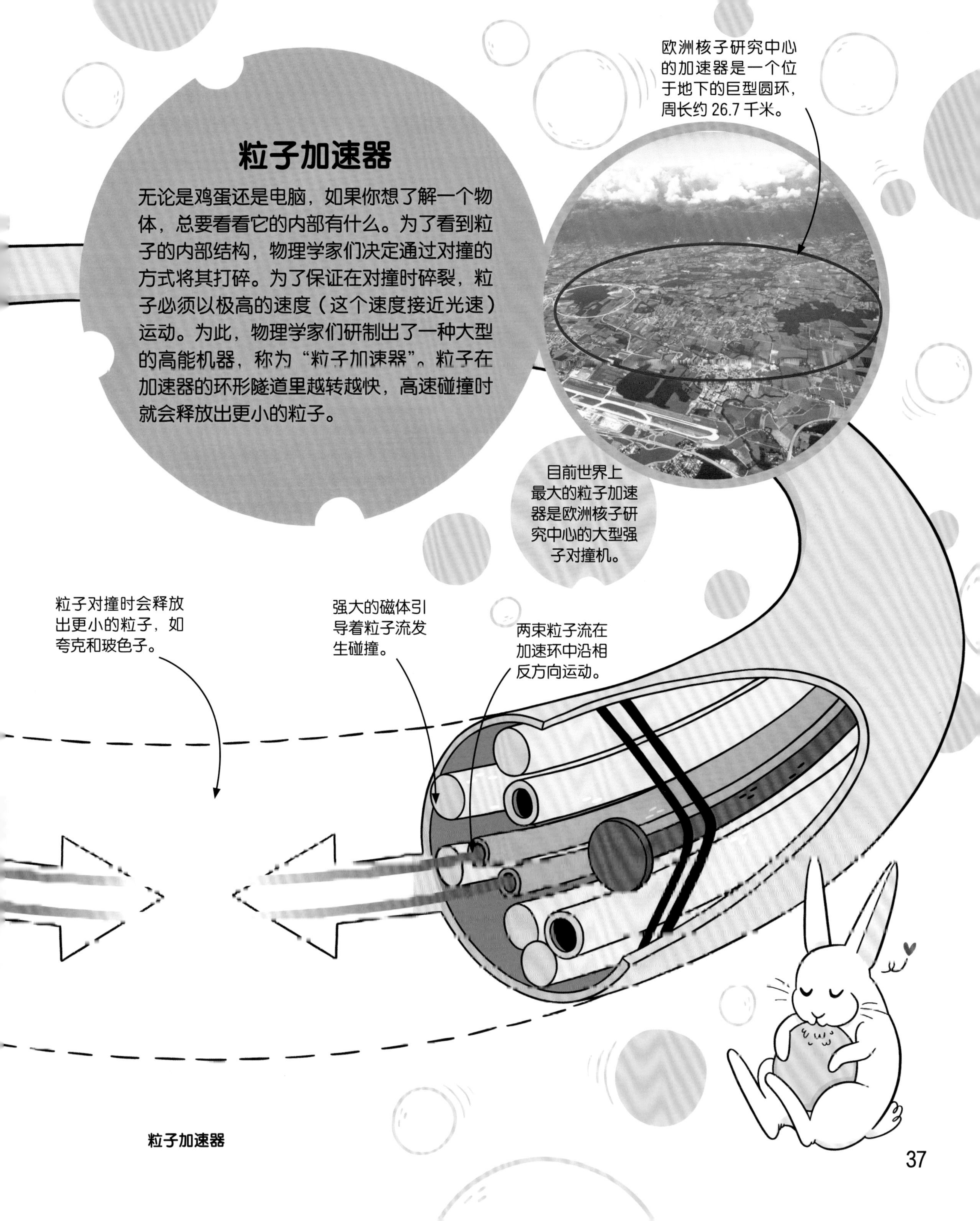

粒子加速器
无论是鸡蛋还是电脑，如果你想了解一个物体，总要看看它的内部有什么。为了看到粒子的内部结构，物理学家们决定通过对撞的方式将其打碎。为了保证在对撞时碎裂，粒子必须以极高的速度（这个速度接近光速）运动。为此，物理学家们研制出了一种大型的高能机器，称为“粒子加速器”。粒子在加速器的环形隧道里越转越快，高速碰撞时就会释放出更小的粒子。
欧洲核子研究中心的加速器是一个位于地下的巨型圆环，周长约 26.7 千米。
目前世界上最大的粒子加速器是欧洲核子研究中心的大型强子对撞机。
粒子对撞时会释放出更小的粒子，如夸克和玻色子。
强大的磁体引导着粒子流发生碰撞。
两束粒子流在加速环中沿相反方向运动。

极大

天体物理学和宇宙学这两个物理学分支把目光投向了地球之外的恒星、行星和太空现象。天体物理学家试图理解天体是如何运行的，宇宙学家则研究宇宙的形成和演变。

认识太空

在长达几千年的时间里，人们一直认为我们的地球独一无二，与太空中的其他物体在组成物质和运行方式上完全不同。直到 17 世纪，艾萨克·牛顿提出太空中的物体受到的力与地球上的力完全相同，才改变了这一认知。牛顿用他的运动定律预测了天体的运动，并且他的预测得到了验证。他在不经意间发现了一门新的科学——天体物理学！

我们在哪里？

地球是太阳系的一部分，而太阳系只是银河系的一小部分，银河系则是一个更大的星系团的一小部分。这个星系团又属于一个超星系团，而后者只是宇宙中的一粒尘埃。

观测太空

空间望远镜是天体物理学家最好的伙伴之一。1990 年，科学家们发射了第一台空间望远镜——哈勃空间望远镜。它弥补了地面观测的不足，为我们提供了太阳系及更深远宇宙的图片资料，以及行星、恒星和宇宙中其他物质的新信息。在这些观测结果的基础上，科学家们提出了各种关于宇宙的假说。

2021 年，“机智”号无人机成为首个在其他行星（火星）成功起飞的飞行器。

可观测宇宙包含由超星系团组成的丝状结构，它们彼此之间是巨大的空洞。

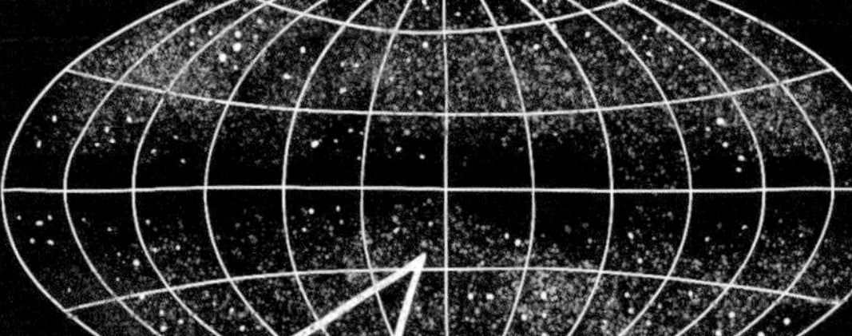

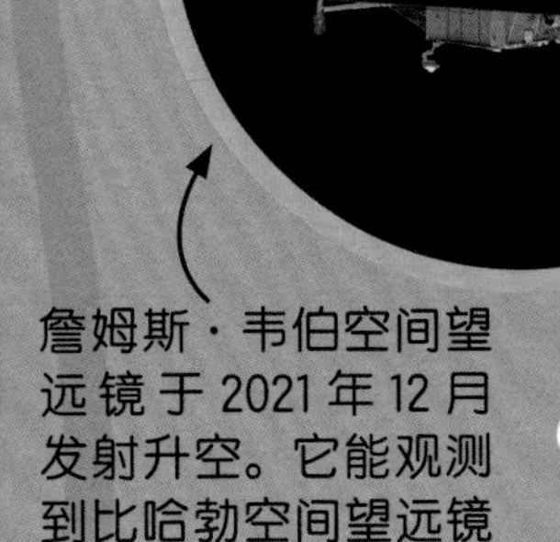

詹姆斯·韦伯空间望远镜于 2021 年 12 月发射升空。它能观测到比哈勃空间望远镜更远的宇宙。

室女座超星系团由包括本星系群在内的大约 100 个星系群组成。

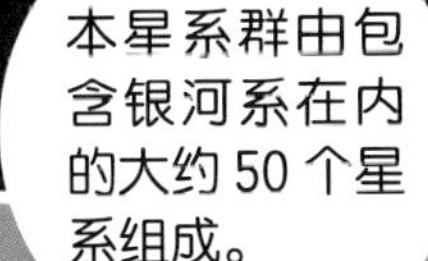

本星系群由包含银河系在内的大约 50 个星系组成。

极光

有时，我们不需要借助望远镜就能观测到神奇的太空现象！地球两极地区不时上演着壮观的光影秀——极光。极光是由太阳的带电粒子流造成的，它们在遇到地球磁场后释放出能量，使极地上空大气中的某些气体发出光芒。

机器人学

科学家们利用物理学知识研制出了各种机器人，让它们完成一些对人类而言太难、太危险或太枯燥的工作。

智能面料

美国科学家研发了一种可以在几秒钟内改变形状，从柔软舒适变得坚如磐石的智能面料。它看起来和普通面料没有差别，但其材料内部包含一组热传感器网格和特殊丝线。当温度变化时，这些丝线会变硬并弯曲成不同形状。该面料目前已被用于制作智能服装、可自动搭建的帐篷和变形机械。

鲸之声

北大西洋露脊鲸是世界上最濒危的动物之一。过往船只的撞击、巨大渔网的缠绕等，都给它们造成了生命威胁。为了帮助这些鲸，科学家们开发了一种机器学习技术，这种技术可以聆听并学习鲸在水下的交流。在它的帮助下，过往船只更容易检测到深水动物，从而有足够的时间改变航向。

被动声学监测

海面下的嘈杂程度远超你的想象！除了露脊鲸的叫声外，监听设备还能接收到许多其他声音，例如渔船的机械声和水下钻探的声音等。一种叫“被动声学监测”（PAM）的智能设备学会了分辨各种声音之间的差异。它会屏蔽非鲸类的声音，从而让鲸类的叫声更清晰，也就更容易定位。

瓶中旋涡

扭曲成螺旋状的空气或水称为“旋涡”。在家里，每当水从浴缸中流走时，你都可以看到旋涡。在自然界中，当水流或气流反向拉扯时，就会产生旋涡。快来尝试在家里自制一个吧！

动动手吧！

你需要用到：

- 两个相同的大号透明塑料瓶
- 水
- 食用色素和亮片
- 一个与瓶盖大小相同的垫圈（你可以用卡片自制一个）
- 一卷胶带

实验步骤：

1. 往其中一个塑料瓶中倒入约 2/3 的水。
2. 为方便观察旋涡，在水中加入一点食用色素和亮片。
3. 将垫圈放在第一个塑料瓶的瓶口，将另一个塑料瓶的瓶口放在垫圈上，用胶带将两个塑料瓶紧紧地粘在一起。
4. 将两个塑料瓶调转方向，让装水的塑料瓶在上面，快速旋转它们，带动里面的水也转起来。
5. 现在注意看你做出来的旋涡是什么样的。

1

倒入 2/3 的水。

2

3

尽可能多用一些胶带，这样水就不会漏出来了。

科学原理

快速旋转的水就像所有做圆周运动的物体一样，具有向心力。这种力在上方瓶子的液体中形成了一个空间，这个空间被从下方瓶子拽上来的空气充满，形成了一个迷你龙卷风。

压扁易拉罐

动动手吧！

在这个实验中，你会看到装有少量热水的易拉罐与大量冷水相遇后会发生什么。准备好迎接“砰”的一声吧！

你需要用到：
- 一碗冷水
- 自来水
- 冰块
- 一个空易拉罐（如果你想多尝试几次，也可以多准备几个）
- 一个电磁炉
- 一个足以夹住易拉罐的夹子

警告
请佩戴护目镜，并在大人的陪护下完成实验！

实验步骤：

1. 往冷水中放入一些冰块以保持低温。
2. 在易拉罐中加入少量自来水，水的高度不要超过1厘米。
3. 找一个大人帮忙，在电磁炉上加热易拉罐。当水沸腾时，你会看到一股水蒸气从罐中升起。下一步必须迅速！让大人帮忙夹住罐子，把它倒过来快速扣入冰水碗中。
4. 易拉罐一碰到冰水就被压扁了。千万不要眨眼，否则就会错过这个精彩瞬间！

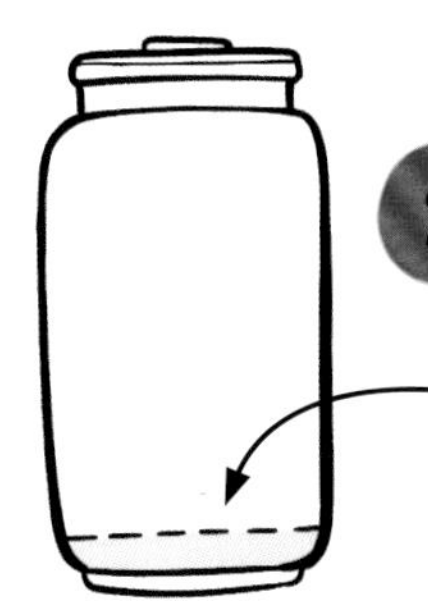

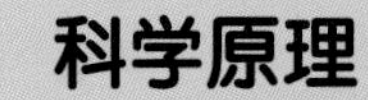

科学原理

易拉罐里的水沸腾后会变成水蒸气充满罐子。遇到冰水的一霎，水蒸气又变回水。水比水蒸气占据的空间要小得多，但由于易拉罐的开口在水下，没有空气可以钻进来填补空间，因此罐外的气压比罐内大，瞬间就把易拉罐压扁了，

轨道弹珠游戏

这个实验很简单，你只需要先搜集一些可回收物，然后花点时间制作轨道。当然，你还需要用到重力。但别担心，因为它一直都在！

你需要用到：

- 一个大纸箱
- 剪刀
- 透明胶带
- 双面胶带
- 黏土胶
- 弹珠
- 你能找到的一些其他东西，参考下图

搜集材料

你可以用任何东西来制作隧道、高塔和滑槽。翻一翻家里的可回收垃圾，那里肯定有你用得上的东西，看看有什么能激发你的灵感吧。不过记住：在开始制作之前，要彻底清洗所有物品哦！

- 卫生纸、保鲜膜、厨房用纸或锡箔纸用完剩下的纸筒
- 可以卷成管状的纸或报纸
- 泡沫保温绝缘套管
- 小纸箱和纸盒
- 塑料瓶
- 鸡蛋盒
- 冰棒棍

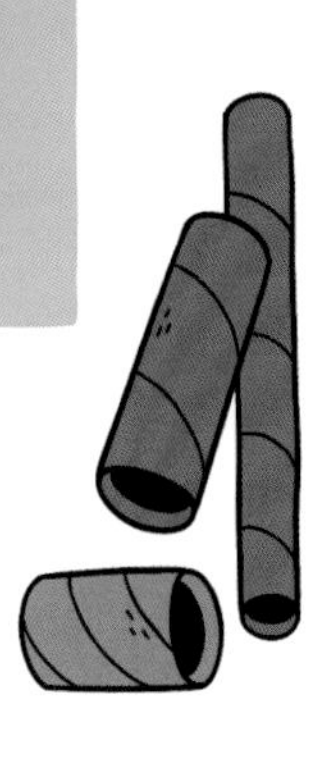

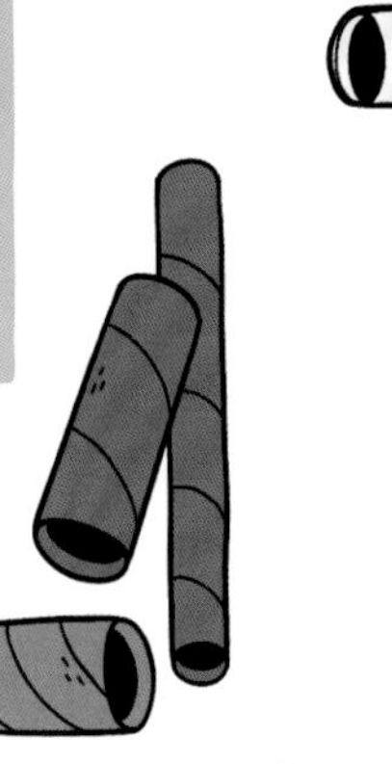

制作轨道

你可以随心所欲地搭建一个弹珠轨道。

1. 选择你能找到的最大的纸箱来做轨道外壳。你还可以做一些翻盖或挡板等好玩的部件。

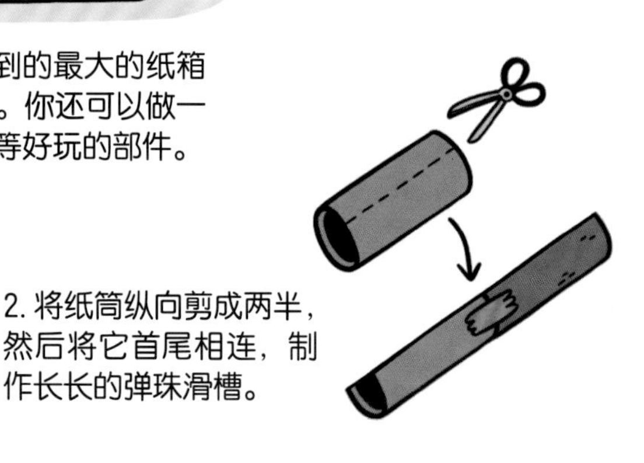

2. 将纸筒纵向剪成两半，然后将它首尾相连，制作长长的弹珠滑槽。

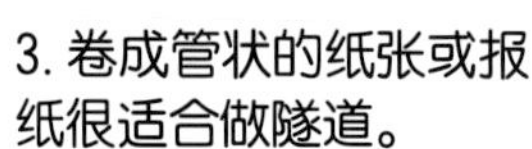

3. 卷成管状的纸张或报纸很适合做隧道。

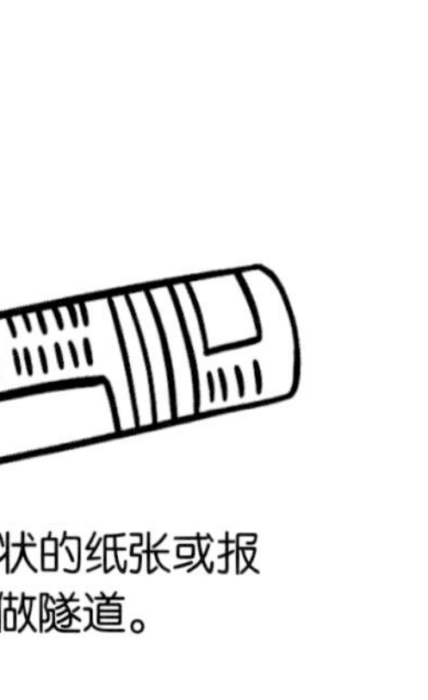

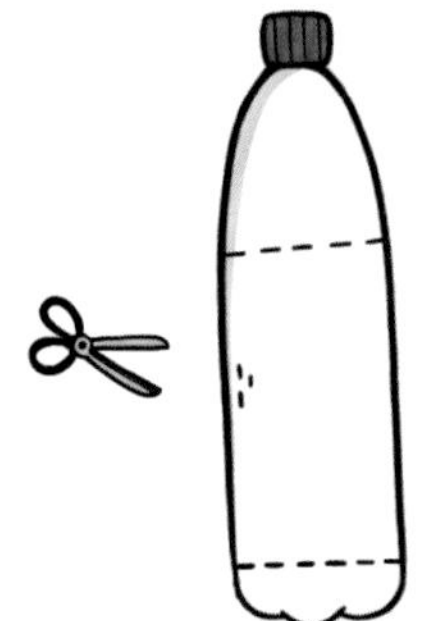

4. 剪掉塑料瓶的顶部和底部。顶部可以做成一个漏斗，中间可以用作隧道，底部可以用作收集弹珠的托盘。

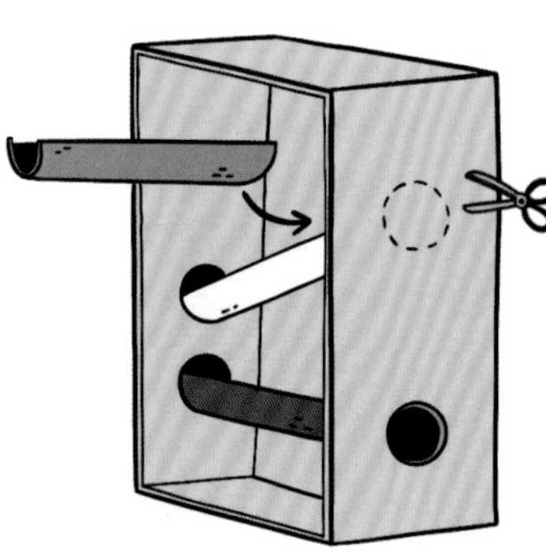

5. 尝试用不同的方式将上述部件组合在一起，为你的弹珠打造一条最佳路线。当你对自己的设计感到满意的时候，就可以为滑槽和隧道开孔了，最后用胶带或黏土胶将部件固定住，轨道就完成了。

从最高处开始，使
弹珠向下滚动的过
程尽可能长。
确保没有朝
上的斜坡。
把滑槽稍微向内倾
斜，这样弹珠就不
会从外缘滚落了。
用保鲜膜的纸筒
做成的垂直隧道。
用剪掉的塑料瓶顶
部制成的漏斗。

术语表

质量
衡量物体所含物质多少的量。

粒子
组成物质的小单元，原子、分子和电子就是一些典型的粒子。

原子
物质的基本组成单元之一，原子可以组成分子。

分子
物质中能够独立存在，并保持物质化学性质的最小单元。

电子
一种带负电的粒子，在原子内做绕核运动。当大量电子脱离原子核的束缚，能够自由移动时，电就产生了。

光子
构成光的粒子。

万有引力
宇宙中两物体之间由于物体具有质量而产生的相互吸引力。地面上物体所受的重力就是地球对物体的吸引力，是万有引力的一种表现。

惯性
物体保持原有静止或运动状态的一种性质。

动量
物体的质量和速度的乘积。

向心力
物体做圆周运动时所受的指向圆心的力。

离心力
由于物体旋转而产生的脱离旋转中心的力，与向心力方向相反。

暗物质
理论上存在于宇宙中的一种不可见物质，占宇宙总质能的 27%。

感谢如下素材的授权使用
上 =t，下 =b，中心 =c，左 =l，右 =r

19cr kevinruss/iStock Images, 19cl, 19tc peopleimages/iStock Images, 19c ridofranz/iStock Images, 19tr orientfootage/iStock Images; 37tr CERN/Science Photo Library; 39br room the agency/Alamy Stock Photo, 39t NASA Photo/Alamy Stock Photo, 39cl alex-mit/iStock Images; 42br koto_feja/iStock Images

暗能量

在宇宙中起斥力作用的一种能量，是科学家们为了解释宇宙加速膨胀的事实而提出的。

介质

当一种物质存在于另一种物质内部时，后者就是前者的介质。空气、水和固体就是声波传播的介质。

相对论

相对论是由爱因斯坦在 20 世纪初提出的关于物质运动与时空关系的理论，根据研究的问题是否涉及引力分为狭义相对论和广义相对论。其中，广义相对论探讨万有引力的本质，在天体物理学中有着非常重要的应用。

量子力学

研究物质世界微观粒子运动规律的物理学分支。

电磁波

能量的一种物理存在形式。温度高于绝对零度的物体都会释放电磁波，且温度越高，电磁波的能量越大，频率越高，波长越短。

断层面

地壳受力发生断裂后，两侧岩块发生相对移动的滑动面。

蒸发

液体表面转化成气体的过程。

冷凝

气体或液体遇冷而凝结的过程，如水蒸气遇冷变成水。

粒子物理学

研究基本粒子之间相互作用、相互转化规律的物理学分支，又称“高能物理学”。

作者和绘者

希尼·索玛拉

希尼拥有流体力学博士学位和机械工程一级荣誉学位，如今是一名演讲者和作家，致力于将科学和技术创新带进每个人的生活中。希尼热衷于通过科学实验和技术互动，更新公众对工程的看法。她曾在联合国和 TEDx 发表演讲，并拥有自己的科普播客。

露娜·瓦伦丁

露娜是一名波兰儿童图书插画师，现居英国诺丁汉。她受到科学、自然和民间故事的启发，创造出了幽默、古怪的人物角色。露娜拥有插画硕士学位，与包括阿歇特和麦克米伦在内的多家知名出版社都保持着稳定的合作关系。